中外哲學典籍大全
總主編　李鐵映　王偉光
中國哲學典籍卷

經部孝經類

孝經鄭注疏

孝經講義

〔清〕皮錫瑞　著
〔清〕宋育仁　著
常達　點校

中国社会科学出版社

圖書在版編目（CIP）數據

孝經鄭注疏；孝經講義／常達點校．—北京：中國社會科學出版社，2020.9

（中外哲學典籍大全．中國哲學典籍卷）

ISBN 978－7－5203－5613－8

Ⅰ.①孝…　Ⅱ.①常…　Ⅲ.①家庭道德—中國—古代②《孝經》—注釋　Ⅳ.①B823.1

中國版本圖書館CIP數據核字（2019）第255973號

出 版 人　趙劍英
項目統籌　王　茵
責任編輯　鄭　彤
責任校對　宋燕鵬
責任印製　王　超

出　　版　中国社会科学出版社
社　　址　北京鼓樓西大街甲158號
郵　　編　100720
網　　址　http://www.csspw.cn
發 行 部　010－84083685
門 市 部　010－84029450
經　　銷　新華書店及其他書店

印　　刷　北京君昇印刷有限公司
裝　　訂　廊坊市廣陽區廣增裝訂廠
版　　次　2020年9月第1版
印　　次　2020年9月第1次印刷

開　　本　710×1000　1/16
印　　張　16.75
字　　數　196千字
定　　價　59.00元

中外哲學典籍大全

「中國哲學典籍卷」

學術委員會

主　任　陳　來　趙汀陽　謝地坤　李存山　王　博

委　員（按姓氏拼音排序）

白　奚　陳壁生　陳　静　陳立勝　陳少明　陳衛平　陳　霞　丁四新　馮顔利

干春松　郭齊勇　郭曉東　景海峰　李景林　李四龍　劉成有　劉　豐　王中江

王立勝　吴　飛　吴根友　吴　震　向世陵　楊國榮　楊立華　張學智　張志强

鄭　開

項目負責人　張志强

提要撰稿主持人　劉　豐　趙金剛

提要英譯主持人　陳　霞

中外哲學典籍大全

總　序

中外哲學典籍大全的編纂，是一項既有時代價值又有歷史意義的重大工程。

中華民族經過了近一百八十年的艱苦奮鬥，迎來了中國近代以來最好的發展時期，迎來了奮力實現中華民族偉大復興的時期。中華民族衹有總結古今中外的一切思想成就，才能並肩世界歷史發展的大勢。爲此，我們須編纂一部匯集中外古今哲學典籍的經典集成，爲中華民族的偉大復興、爲人類命運共同體的建設、爲人類社會的進步，提供哲學思想的精粹。

哲學是思想的花朵，文明的靈魂，精神的王冠。一個國家、民族，要興旺發達，擁有光明的未來，就必須擁有精深的理論思維，擁有自己的哲學。哲學是推動社會變革和發展的理論力量，是激發人的精神砥石。哲學解放思維，净化心靈，照亮前行的道路。偉大的時代需要精邃的哲學。

一 哲學是智慧之學

哲學是什麽？這既是一個古老的問題，又是哲學永恒的話題。追問哲學是什麽，本身就是「哲學」問題。從哲學成爲思維的那一天起，哲學家們就在不停追問中發展、豐富哲學的篇章，給出一個又一個答案。每個時代的哲學家對這個問題都有自己的詮釋。哲學是什麽，是懸疑在人類智慧面前的永恒之問，這正是哲學之爲哲學的基本特點。

哲學是全部世界的觀念形態，精神本質。人類面臨的共同問題，是哲學研究的根本對象。本體論、認識論、世界觀、人生觀、價值觀、實踐論、方法論等，仍是哲學的基本問題和生命力所在！哲學研究的是世界萬物的根本性、本質性問題。人們可以給哲學做出許多具體定義，但我們可以嘗試用「遮詮」的方式描述哲學的一些特點，從而使人們加深對何爲哲學的認識。

哲學不是玄虛之觀。哲學來自人類實踐，關乎人生。哲學對現實存在的一切追根究底、「打破砂鍋問到底」。它不僅是問「是什麽」（being），而且主要是追問「爲什麽」（why），特別是追問「爲什麽的爲什麽」。它關注整個宇宙，關注整個人類的命運，關注人生。它關心柴米油鹽醬醋茶和人的生命的關係，關心人工智能對人類社會的挑戰。哲學是對一切實踐經驗的理論升華，它關心具體現象背後的根據，關心人類如何會更好。

哲學是在根本層面上追問自然、社會和人本身，以徹底的態度反思已有的觀念和認識，從價值理想出發把握生活的目標和歷史的趨勢，展示了人類理性思維的高度，凝結了民族進步的智慧，寄託了人們熱愛光明、追求真善美的情懷。道不遠人，人能弘道。哲學是把握世界、洞悉未來的學問，是思想解放、自由的大門！

古希臘的哲學家們被稱爲「望天者」，亞里士多德在形而上學一书中説，「最初人們通過好奇—驚讚來做哲學」。如果説知識源於好奇的話，那麽産生哲學的好奇心，必須是大好奇心。這種「大好奇心」衹爲一件「大事因緣」而來，所謂大事，就是天地之間一切事物的「爲什麽」。哲學精神，是「家事、國事、天下事，事事要問」，是一種永遠追問的精神。

哲學不祇是思維。哲學將思維本身作爲自己的研究對象，對思想本身進行反思。哲學不是一般的知識體系，而是把知識概念作爲研究的對象，追問「什麽才是知識的真正來源和根據」。哲學的「非對象性」的思想方式，不是「純形式」的推論原則，而有其「非對象性」之對象。哲學之對象乃是不斷追求真理，是一個理論與實踐兼而有之的過程，是認識的精粹。哲學追求真理的過程本身就顯現了哲學的本質。天地之浩瀚，變化之奥妙，正是哲思的玄妙之處。

哲學不是宣示絶對性的教義教條，哲學反對一切形式的絶對。哲學解放束縛，意味著從一切思想教條中解放人類自身。哲學給了我們徹底反思過去的思想自由，給了我們深刻洞察未來的思想能力。哲學就是解放之學，是聖火和利劍。

哲學不是一般的知識。哲學追求「大智慧」。佛教講「轉識成智」，識與智相當於知識與哲學的關係。一般知識是依據於具體認識對象而來的、有所依有所待的「識」，而哲學則是超越於具體對象之上的「智」。

公元前六世紀，中國的老子説，「大方無隅，大器晚成，大音希聲，大象無形，道隱無名。夫唯道，善貸且成」。又説，「反者道之動，弱者道之用。天下萬物生於有，有生於無」。對道的追求就是對有之爲有、無形無名的探究，就是對天地何以如此的探究。這種追求，使得哲學具有了天地之大用，具有了超越有形有名之有限經驗的大智慧。這種大智慧、大用途，超越一切限制的籬笆，達到趨向無限的解放能力。

哲學不是經驗科學，但又與經驗有聯繫。哲學從其作爲學問誕生起，就包含於科學形態之中，是以科學形態出現的。哲學是以理性的方式、概念的方式、論证的方式來思考宇宙人生的根本問題。在亞里士多德那裏，凡是研究實體（ousia）的學問，都叫作「哲學」。而「第一實體」則是存在者中的「第一個」。研究第一實體的學問稱爲「神學」，也就是「形而上學」，這正是後世所謂「哲學」。一般意義上的科學正是從「哲學」最初的意義上贏得自己最原初的規定性的。哲學雖然不是經驗科學，却爲科學劃定了意義的範圍、指明了方向。哲學最後必定指向宇宙人生的根本問題，大科學家的工作在深層意義上總是具有哲學的意味，牛頓和愛因斯坦就是這樣的典範。

哲學不是自然科學，也不是文學藝術，但在自然科學的前頭，哲學的道路展現了；在文學藝術的山頂，哲學的天梯出現了。哲學不斷地激發人的探索和創造精神，使人在認識世界的過程中，不斷達到新境界，在改造世界中從必然王國到達自由王國。

哲學不斷從最根本的問題再次出發。哲學史在一定意義上就是不斷重構新的世界觀、認識人類自身的歷史。哲學的歷史呈現，正是對哲學的創造本性的最好説明。哲學史上每一位哲學家對根本問題的思考，都在爲哲學添加新思維、新向度，猶如爲天籟山上不斷增添一隻隻黄鸝翠鳥。

如果説哲學是哲學史的連續展現中所具有的統一性特徵，那麽這種「一」是在「多」個哲學的創造中實現的。如果説每一種哲學體系都追求一種體系性的「一」的話，那麽每種「一」的體系之間都存在着千絲相聯、多方組合的關係。這正是哲學史昭示於我們的哲學多樣性的意義。多樣性與統一性的依存關係，正是哲學尋求現象與本質、具體與普遍相統一的辯證之意義。

哲學的追求是人類精神的自然趨向，是精神自由的花朵。哲學是思想的自由，是自由的思想。

中國哲學，是中華民族五千年文明傳統中，最爲内在的、最爲深刻的、最爲持久的精神追求和價值觀表達。中國哲學已經化爲中國人的思維方式、生活態度、道德準則、人生追求、精神境界。中國人的科學技術、倫理道德，小家大國、中醫藥學、詩歌文學、繪畫書法、武術拳法、鄉規民俗，乃至日常生活也都浸潤着中國哲學的精神。華夏文化雖歷經磨難而能够透魄醒神，堅韌屹立，正是來自於中國哲學深邃的思維和創造力。

先秦時代，老子、孔子、莊子、孫子、韓非子等諸子之間的百家争鳴，就是哲學精神在中國的展現，是中國人思想解放的第一次大爆發。兩漢四百多年的思想和制度，是諸子百家思想在争鳴過程中大整合的結果。魏晋之際，玄學的發生，則是儒道冲破各自藩籬，彼此互動互補的結果，形成了儒家獨尊的態勢。隋唐三百年，佛教深入中國文化，又一次帶來了思想的大融合和大解放，禪宗的形成就是這一融合和解放的結果。兩宋三百多年，中國哲學迎來了第三次大解放。儒釋道三教之間的互潤互持日趨深入，朱熹的理學和陸象山的心學，就是這一思想潮流的哲學結晶。

與古希臘哲學强調沉思和理論建構不同，中國哲學的旨趣在於實踐人文關懷，它更關注實踐的義理性意義。中國哲學當中，知與行從未分離，中國哲學有着深厚的實踐觀點和生活觀點，倫理道德觀是中國人的貢獻。馬克思説，「全部社會生活在本質上是實踐的」，實踐的觀點、生活的觀點也正是馬克思主義認識論的基本觀點。這種哲學上的契合性，正是馬克思主義能够在中國扎根並不斷中國化的哲學原因。

「實事求是」是中國的一句古話。今天已成爲深遂的哲理，成爲中國人的思維方式和行爲基準。實事求是就是解放思想，解放思想就是實事求是。實事求是毛澤東思想的精髓，是改革開放的基石。只有解放思想才能實事求是。實事求是就是中國人始終堅持的哲學思想。實事求是就是依靠自己，走自己的道路，反對一切絶對觀念。所謂中國化就是一切從中國實際出發，一切理論必須符合中國實際。

二　哲學的多樣性

實踐是人的存在形式，是哲學之母。實踐是思維的動力、源泉、價值、標準。人們認識世界、探索規律的根本目的是改造世界，完善自己。哲學問題的提出和回答，都離不開實踐。馬克思有句名言：「哲學家們只是用不同的方式解釋世界，而問題在於改變世界！」理論只有成爲人的精神智慧，才能成爲改變世界的力量。

哲學關心人類命運。時代的哲學，必定關心時代的命運。對時代命運的關心就是對人類實踐和命運的關心。人在實踐中産生的一切都具有現實性。哲學的實踐性必定帶來哲學的現實性。哲學的現實性就是强調人在不斷回答實踐中各種問題時應該具有的態度。

哲學作爲一門科學是現實的。哲學是一門回答並解釋現實的學問，哲學是人們聯繫實際、面對現實的思想。可以説哲學是現實的最本質的理論，也是本質的最現實的理論。哲學始終追問現實的發展和變化。哲學存在於實踐中，也必定在現實中發展。哲學的現實性要求我們直面實踐本身。

哲學不是簡單跟在實踐後面，成爲當下實踐的「奴僕」，而是以特有的深邃方式，關注着實踐的發展，提升人的實踐水平，爲社會實踐提供理論支撑。從直接的、急功近利的要求出發來理解和從事哲學，無異於向哲學提出它本身不可能完成的任務。哲學是深沉的反思，厚重的智慧，事物的抽象，理論的把握。哲學是人類把握世界最深邃的理論思維。

哲學是立足人的學問，是人用於理解世界、把握世界、改造世界的智慧之學。「民之所好，好之，民之所惠，惠之。」哲學的目的是爲了人。用哲學理解外在的世界，理解人本身，也是爲了用哲學改造世界、改造人。哲學研究無禁區，無終無界，與宇宙同在，與人類同在。

存在是多樣的，發展是多樣的，這是客觀世界的必然。宇宙萬物本身是多樣的存在，多樣的變化。歷史表明，每一民族的文化都有其獨特的價值。文化的多樣性是自然律，是動力，是生命力。各民族文化之間的相互借鑒，補充浸染，共同推動著人類社會的發展和繁榮，這是規律。對象的多樣性、複雜性，決定了哲學的多樣性；即使對同一事物，人們也會産生不同的哲學認識，形成不同的哲學派别。哲學觀點、思潮、流派及其表現形式上的區别，來自於哲學的時代性、地域性和民族性的差异。世界哲學是不同民族的哲學的薈萃，如中國哲學、西方哲學、阿拉伯哲學等。多樣性構成了世界，百花齊放形成了花園。不同的民族會有不同風格的哲學。恰恰是哲學的民族性，使不同的哲學都可以在世界舞臺上演繹出各種「戲劇」。即使有類似的哲學觀點，在實踐中的表達和運用也會各有特色。

人類的實踐是多方面的，具有多樣性、發展性，大體可以分爲：改造自然界的實踐，改造人類社會的實踐，完善人本身的實踐，提升人的精神世界的精神活動。人是實踐中的人，實踐是人的生命的第一屬性。實踐的社會性决定了哲學的社會性，哲學不是脱離社會現實生活的某種遐想，而是社會現實生活的觀念形態，是文明進步的重要標誌，是人的發展水平的重要維度。哲學的發展狀况，反映着一個社會人的理性成熟程度，反映著這個社會的文明程度。

哲學史實質上是自然史、社會史、人的發展史和人類思維史的總結和概括。自然界是多樣的，社會是多樣的，人類思維是多樣的。所謂哲學的多樣性，就是哲學基本觀念、理論學説、方法的異同，是哲學思維方式上的多姿多彩。哲學的多樣性是哲學的常態，是哲學進步、發展和繁榮的標誌。哲學是人的哲學，哲學是人對事物的自覺，是人對外界和自我認識的學問，也是人把握世界和自我的學問。哲學的多樣性，是哲學的常態和必然，是哲學發展和繁榮的内在動力。一般是普遍性，特色也是普遍性。從單一性到多樣性，從簡單性到複雜性，是哲學思維的一大變革。用一種哲學話語和方法否定另一種哲學話語和方法，這本身就不是哲學的態度。

多樣性並不否定共同性、統一性、普遍性。物質和精神，存在和意識，一切事物都是在運動、變化中的，是哲學的基本問題，也是我們的基本哲學觀點！

當今的世界如此紛繁複雜，哲學多樣性就是世界多樣性的反映。哲學是以觀念形態表現出的現實世界。哲學的多樣性，就是文明多樣性和人類歷史發展多樣性的表達。多樣性是宇宙之道。

哲學的實踐性、多樣性，還體現在哲學的時代性上。哲學總是特定時代精神的精華，是一定歷史條件下人的反思活動的理論形態。在不同的時代，哲學具有不同的内容和形式，哲學的多樣性，也是歷史時代多樣性的表達。哲學的多樣性也會讓我們能够更科學地理解不同歷史時代，更爲内在地理解歷史發展的道理。多樣性是歷史之道。

哲學之所以能發揮解放思想的作用，在於它始終關注實踐，關注現實的發展；在於它始終關注著科學技術的進步。哲學本身没有絶對空間，没有自在的世界，只能是客觀世界的映象，觀念形態。没有了現實性，哲學就遠離人，就離開了存在。哲學的實踐性，説到底是在説明哲學本質上是人的哲學，是人的思維，是爲了人的科學！哲學的實踐性、多樣性告訴我們，哲學必須百花齊放、百家争鳴。哲學的發展首先要解放自己，解放哲學，就是實現思維、觀念及範式的變革。人類發展也必須多途並進，交流互鑒，共同繁榮。采百花之粉，才能釀天下之蜜。

三 哲學與當代中國

中國自古以來就有思辨的傳統，中國思想史上的百家争鳴就是哲學繁榮的史象。哲學是歷史發展的號角。中國思想文化的每一次大躍升，都是哲學解放的結果。中國古代賢哲的思想傳承至今，他們的智慧已浸入中國人的精神境界和生命情懷。

中國共産黨人歷來重視哲學，毛澤東在一九三八年，在抗日戰爭最困難的條件下，在延安研究哲學，創作了實踐論和矛盾論，推動了中國革命的思想解放，成爲中國人民的精神力量。

中華民族的偉大復興必將迎來中國哲學的新發展。當代中國必須有自己的哲學，當代中國的哲學必須要從根本上講清楚中國道路的哲學道理。中華民族的偉大復興必須要有哲學的思維，必須要有不斷深入的反思。發展的道路，就是哲思的道路，文化的自信，就是哲學思維的自信。哲學是引領者，可謂永恒的「北斗」，哲學是時代的「火焰」，是時代最精緻最深刻的「光芒」。從社會變革的意義上説，任何一次巨大的社會變革，總是以理論思維爲先導。理論的變革，總是以思想觀念的空前解放爲前提，而「吹響」人類思想解放第一聲「號角」的，往往就是代表時代精神精華的哲學。社會實踐對於哲學的需求可謂「迫不及待」，因爲哲學總是「吹響」這個新時代的「號角」。「吹響」中國改革開放之

「號角」的，正是「解放思想」「實踐是檢驗真理的唯一標準」「不改革死路一條」等哲學觀念。「吹響」新時代「號角」的是「中國夢」，「人民對美好生活的向往，就是我們奮鬥的目標」。發展是人類社會永恒的動力，變革是社會解放的永遠的課題，思想解放，解放思想是無盡的哲思。中國正走在理論和實踐的雙重探索之路上，搞探索没有哲學不成！

中國哲學的新發展，必須反映中國與世界最新的實踐成果，必須反映科學的最新成果，必須具有走向未來的思想力量。今天的中國人所面臨的歷史時代，是史無前例的。十三億人齊步邁向現代化，這是怎樣的一幅歷史畫卷！是何等壯麗、令人震撼！不僅中國歷史上亘古未有，在世界歷史上也從未有過。當今中國需要的哲學，是結合天道、地理、人德的哲學，是整合古今中西的哲學，只有這樣的哲學才是中華民族偉大復興的哲學。

當今中國需要的哲學，必須是適合中國的哲學。無論古今中外，再好的東西，也需要再吸收，再消化，必須要經過現代化和中國化，才能成爲今天中國自己的哲學。哲學是解放人的，哲學自身的發展也是一次思想解放，也是人的一个思維升華、羽化的過程。中國人的思想解放，總是隨著歷史不斷進行的。歷史有多長，思想解放的道路就有多長；發展進步是永恒的，思想解放也是永無止境的，思想解放就是哲學的解放。

習近平説，思想工作就是「引導人們更加全面客觀地認識當代中國、看待外部世界」。這就需要我們確立一種「知己知彼」的知識態度和理論立場，而哲學則是對文明價值核心最精練和最集中的深邃性表達，有助於我們認識中國、認識世界。立足中國、認識中國，需要我們審視我們走過的道路，立足中國、認識世界，需要我們觀察和借鑒世界歷史上的不同文化。中國「獨特的文化傳統」、中國「獨特的歷史命運」、中國「獨特的基本國情」，「決定了我們必然要走適合自己特點的發展道路」。一切現實的，存在的社會制度，其形態都是具體的，都是特色的，都必須是符合本國實際的。抽象的制度，普世的制度是不存在的。同時，我們要全面客觀地「看待外部世界」。研究古今中外的哲學，是中國認識世界、認識人類史，認識自己未來發展的必修課。今天中國的發展不僅要讀中國書，還要讀世界書。不僅要學習自然科學、社會科學的經典，更要學習哲學的經典。當前，中國正走在實現「中國夢」的「長征」路上，這也正是一條思想不斷解放的道路！要回答中國的問題，解釋中國的發展，首先需要哲學思維本身的解放。哲學的發展，就是哲學的解放，這是由哲學的實踐性、時代性所決定的。哲學無禁區、無疆界。哲學是關乎宇宙之精神，是關乎人類之思想。哲學將與宇宙、人類同在。

四　哲學典籍

中外哲學典籍大全的編纂，是要讓中國人能研究中外哲學經典，吸收人類精神思想的精華；是要提升我們的思維，讓中國人的思想更加理性、更加科學、更加智慧。

中國有盛世修典的傳統。中國古代有多部典籍類書（如「永樂大典」「四庫全書」等），在新時代編纂中外哲學典籍大全，是我們的歷史使命，是民族復興的重大思想工程。

只有學習和借鑒人類精神思想的成就，才能實現我們自己的發展，走向未來。中外哲學典籍大全的編纂，就是在思維層面上，在智慧境界中，繼承自己的精神文明，學習世界優秀文化。這是我們的必修課。

不同文化之間的交流、合作和友誼，必須達到哲學層面上的相互認同和借鑒。哲學之間的對話和傾聽，才是從心到心的交流。中外哲學典籍大全的編纂，就是在搭建心心相通的橋樑。

我們編纂這套哲學典籍大全，一是中國哲學，整理中國歷史上的思想典籍，濃縮中國思想史上的精華；二是外國哲學，主要是西方哲學，吸收外來，借鑒人類發展的優秀哲學成果；三是馬克思主義哲學，展示馬克思主義哲學中國化的成就；四是中國近現代以來的哲學成果，特別是馬克思主義在中國的發展。

編纂這部典籍大全，是哲學界早有的心願，也是哲學界的一份奉獻。中外哲學典籍大全總結的是書本上的思想，是先哲們的思維，是前人的足迹。我們希望把它們奉獻給後來人，使他們能够站在前人肩膀上，站在歷史岸邊看待自己。

中外哲學典籍大全的編纂，是以「知以藏往」的方式實現「神以知來」；中外哲學典籍大全的編纂，是通過對中外哲學歷史的「原始反終」，從人類共同面臨的根本大問題出發，在哲學生生不息的道路上，綵繪出人類文明進步的盛德大業！

發展的中國，既是一個政治、經濟大國，也是一個文化大國，也必將是一個哲學大國、思想王國。人類的精神文明成果是不分國界的，哲學的邊界是實踐，實踐的永恒性是哲學的永續綫性，打開胸懷擁抱人類文明成就，是一個民族和國家自强自立，始終佇立於人類文明潮頭的根本條件。

擁抱世界，擁抱未來，走向復興，構建中國人的世界觀、人生觀、價值觀、方法論，這是中國人的視野、情懷，也是中國哲學家的願望！

李鐵映

二〇一八年八月

「中國哲學典籍卷」

序

中國古無「哲學」之名，但如近代的王國維所説，「哲學爲中國固有之學」。「哲學」的譯名出自日本啓蒙學者西周，他在一八七四年出版的百一新論中説：「將論明天道人道，兼立教法的philosophy 譯名爲哲學。」自「哲學」譯名的成立，「philosophy」或「哲學」就已有了東西方文化交融互鑒的性質。

「philosophy」在古希臘文化中的本義是「愛智」，而「哲學」的「哲」在中國古經書中的字義就是「智」或「大智」。孔子在臨終時慨嘆而歌：「泰山壞乎！梁柱摧乎！哲人萎乎！」（史記孔子世家）「哲人」在中國古經書中釋爲「賢智之人」，而在「哲學」譯名輸入中國後即可稱爲「哲學家」。

哲學是智慧之學，是關於宇宙和人生之根本問題的學問。對此，中西或中外哲學是共同的，因而哲學具有世界人類文化的普遍性。但是，正如世界各民族文化既有世界的普遍性，也有民族的特殊性，所以世界各民族哲學也具有不同的風格和特色。如果説「哲學」是個「共名」或「類稱」，那麼世界各民族哲學就是此類中不同的「特例」。這是哲學的普遍性與多樣性的統一。

在中國哲學中，關於宇宙的根本道理稱爲「天道」，關於人生的根本道理稱爲「人道」，中國哲學的一個貫穿始終的核心問題就是「究天人之際」。一般説來，天人關係問題是中外哲學普遍探索的問題，而中國哲學的「究天人之際」具有自身的特點。

亞里士多德曾説：「古今來人們開始哲學探索，都應起於對自然萬物的驚異……這類學術研究的開始，都在人生的必需品以及使人快樂安適的種種事物幾乎全都獲得了以後。」「這些知識最先出現於人們開始有閒暇的地方。」這是説的古希臘哲學的一個特點，是與當時古希臘的社會歷史發展階段及其貴族階層的生活方式相聯繫的。與此不同，中國哲學是産生於士人在社會大變動中的憂患意識，爲了求得社會的治理和人生的安頓，他們大多「席不暇暖」地周遊列國，宣傳自己的社會主張。這就決定了中國哲學在「究天人之際」

中首重「知人」，在先秦「百家争鳴」中的各主要流派都是「務爲治者也，直所從言之異路，有省不省耳」（史記太史公自序）。

中國哲學與其他民族哲學所不同者，還在於中國數千年文化一直生生不息而未嘗中斷，中國文化在世界歷史的「軸心時期」所實現的哲學突破也是采取了極温和的方式。這主要表現在孔子的「祖述堯舜，憲章文武」，删述六經，對中國上古的文化既有連續性的繼承，又經編纂和詮釋而有哲學思想的突破。因此，由孔子及其後學所編纂和詮釋的上古經書就以「先王之政典」的形式不僅保存下來，而且在此後中國文化的發展中居於統率的地位。

據近期出土的文獻資料，先秦儒家在戰國時期已有對「六經」的排列，「六經」作爲一個著作群受到儒家的高度重視。至漢武帝「罷黜百家，表章六經」，遂使「六經」以及儒家的經學確立了由國家意識形態認可的統率地位。漢書藝文志著録圖書，爲首的是「六藝略」，其次是「諸子略」「詩賦略」「兵書略」「數術略」和「方技略」，這就體現了以「六經」統率諸子學和其他學術。這種圖書分類經幾次調整，到了隋書經籍志乃正式形成「經、史、子、集」的四部分類，此後保持穩定而延續至清。

中國傳統文化有「四部」的圖書分類，也有對「義理之學」「考據之學」「辭章之學」和「經世之學」等的劃分，其中「義理之學」雖然近於「哲學」但並不等同。中國傳統文化沒有形成「哲學」以及近現代教育學科體制的分科，但是中國傳統文化確實固有其深邃的哲學思想，它表達了中華民族的世界觀、人生觀，體現了中華民族的思維方式、行爲準則，凝聚了中華民族最深沉、最持久的價值追求。

清代學者戴震說：「天人之道，經之大訓萃焉。」（原善卷上）經書和經學中講「天人之道」的「大訓」，就是中國傳統的哲學；不僅如此，在圖書分類的「子、史、集」中也有講「天人之道」的「大訓」，這些也是中國傳統的哲學。「究天人之際」的哲學主題是在中國文化上下幾千年的發展中，伴隨著歷史的進程而不斷深化、轉陳出新、持續探索的。

中國哲學首重「知人」，在天人關係中是以「知人」爲中心，以「安民」或「爲治」爲宗旨的。在記載中國上古文化的尚書皋陶謨中，就有了「知人則哲，能官人；安民則惠，黎民懷之」的表述。在論語中，「樊遲問仁，子曰：『愛人。』問知（智），子曰：『知人。』」（論語顏淵）「仁者愛人」是孔子思想中的最高道德範疇，其源頭可上溯到中國文化自上古以來就形成的崇尚道德的優秀傳統。孔子説：「未能事人，焉能事鬼？」「未知生，焉知死？」（論語先進）「務民之義，敬鬼神而遠之，可謂知矣。」（論語雍也）「智者知人」，在孔子的思想中雖然保留了對「天」和鬼神的敬畏，但他的主要關注點是現世的人生，是「仁者愛人」「天下有道」的價值取向，由此確立了中國哲學以「知人」爲中心的思想範式。西方現代哲學家雅斯貝爾斯在大哲學家一書中把蘇格拉底、佛陀、孔子和耶穌作爲「思想範式的創造者」，而孔子思想的特點就是「要在世間建立一種人道的秩序」，「在現世的可能性之中」，孔子「希望建立一個新世界」。

中國上古時期把「天」或「上帝」作爲最高的信仰對象，這種信仰也有其宗教的特殊性。如梁啓超所説：「各國之尊天者，常崇之於萬有之外，而中國則常納之於人事之中，此吾中華所特長也。……其尊天也，目的不在天國而在世界，受用不在未來（來世）而在現在（現世）。是故人倫亦稱天倫，人道亦稱天道。記曰：『善言天者必有驗於人。』此所以雖近於宗教，而與他國之宗教自殊科也。」由於中國上古文化所信仰的「天」不是存在於與人世生活相隔絶的「彼岸世界」，而是與地相聯繫（中庸所謂「郊社之禮，所以事上帝也」，朱熹中庸章句注：「郊，祀天；社，祭地。不言后土者，省文也。」），具有道德的、以民爲本的特點（尚書所謂「皇天無親，惟德是輔」，「天視自我民視，天聽自我民聽」，「民之所欲，天必從之」），所以這種特殊的宗教性也長期地影響著中國哲學對天人關係的認識。相傳「人更三聖，世經三古」的易經，其本爲卜筮之書，但經孔子「觀其德義而已」之後，則成爲講天人關係的哲理之書。四庫全书總目易類序說：「聖人覺世牖民，大抵因事以寓教……易則寓於卜筮。故易之爲書，推天道以明人事者也。」不僅易經是如此，而且以後中國哲學的普遍架構就是「推天道以明人事」。

春秋末期，與孔子同時而比他年長的老子，原創性地提出了「有物混成，先天地生」（老子二十五章），天地並非固有的，在天地產生之前有「道」存在，「道」是產生天地萬物的總根源和總根據。「道」內在於天地萬物之中就是「德」，「孔德之容，惟道是從」（老子二十一章），「道」與「德」是統一的。老子說：「道生之，德畜之，物形之，勢成之。是以萬物莫不尊道而貴德。道之尊，德之貴，夫莫之命而常自然。」（老子五十一章）老子的價值主張是「自然無爲」，而「自然無爲」的天道根據就是「道生之，德畜之……是以萬物莫不尊道而貴德」。老子所講的「德」實即相當於「性」，孔子所罕言的「性與天道」，在老子哲學中就是講「道」與「德」的形而上學。實際上，老子哲學確立了中國哲學「性與天道合一」的思想，而他從「道」與「德」推出「自然無爲」的價值主張，這就成爲以後中國哲學「推天道以明人事」普遍架構的一個典範。雅斯貝爾斯在大哲學家一書中把老子列入「原創性形而上學家」，他說：「從世界歷史來看，老子的偉大是同中國的精神結合在一起的。」他評價孔、老關係時說：「雖然兩位大師放眼於相反的方向，但他們實際上立足於同一基礎之上。兩者間的統一在中國的偉大人物身上則一再得到體現……」這裏所謂「中國的精神」「立足於同一基礎之上」，就是説孔子和老子的哲學都是爲了解決現實生活中的問題，都是「務爲治者也」。

在老子哲學之後，中庸說：「天命之謂性」，「思知人，不可以不知天」。孟子說：「盡其心者知其性也，知其性則知天矣。」（孟子盡心上）此後的中國哲學家雖然對天道和人性有不同的認識，但大抵都是講人性源於天道，知天是爲了知人。一直到宋明理學家講「天者理也」，「性即理也」，「性與天道合一存乎誠」。作爲宋明理學之開山著作的周敦頤太極圖説，是從「無極而太極」講起，至「形既生矣，神發知矣，五性感動而善惡分，萬事出矣」，這就是從天道講到人事，而其歸結爲「聖人定之以中正仁義而主靜，立人極焉」，這就是從天道、人性推出人事應該如何，「立人極」就是要確立人事的價值準則。可以説，中國哲學的「推天道以明人事」最終指向的是人生的價值觀，這也就是要「爲天地立心，爲生民立命，爲往聖繼絶學，爲萬世開太平」。在作爲中國哲學主流的儒家哲學中，價值觀又是與道德修養的工夫論和道德境界相聯繫。因此，天人合一、真善合一、知行合一成爲中國哲學的主要特點。

中國哲學經歷了不同的歷史發展階段，從先秦時期的諸子百家争鳴，到漢代以後的儒家經學獨尊，而實際上是儒道互補，至魏晉玄學乃是儒道互補的一個結晶；在南北朝時期逐漸形成儒、釋、道三教鼎立，從印度傳來的佛教逐漸適應中國文化的生態環境，至隋唐時期完成中國化的過程而成爲中國文化的一個有機組成部分；宋明理學則是吸收了佛、道二教的思想因素，返而歸於「六經」，又創建了論語孟子大學中庸的「四書」體系，建構了以「理、氣、心、性」爲核心範疇的新儒學。因此，中國哲學不僅具有自身的特點，而且具有不同發展階段和不同學派思想内容的豐富性。

一八四〇年之後，中國面臨着「數千年未有之變局」，中國文化進入了近現代轉型的時期。在甲午戰敗之後的一八九五年，「哲學」的譯名出現在黄遵憲的日本國志和鄭觀應的盛世危言（十四卷本）中。此後，「哲學」以一個學科的形式，以哲學的「獨立之精神，自由之思想」推動了中華民族的思想解放和改革開放，中、外哲學會聚於中國，中、外哲學的交流互鑒使中國哲學的發展呈現出新的形態，馬克思主義哲學在與中國的歷史文化傳統、中國具體的革命和建設實踐相結合的過程中不斷中國化而產生新的理論成果。中華民族的偉大復興必將迎來中國哲學的新發展，在此之際，編纂中外哲學典籍大全，中國哲學典籍第一次與外國哲學典籍會聚於此大全中，這是中國盛世修典史上的一個首創，對於今後中國哲學的發展、對於中華民族的偉大復興具有重要的意義。

李存山

二〇一八年八月

「中國哲學典籍卷」

出版前言

社會的發展需要哲學智慧的指引。在中國浩如煙海的文獻中，哲學典籍占據著重要地位，指引著中華民族在歷史的浪潮中前行。這些凝練著古聖先賢智慧的哲學典籍，在新時代仍然熠熠生輝。

收入我社「中國哲學典籍卷」的書目，是最新整理成果的首次發布，按照內容和年代分爲以下幾類：先秦子書類、兩漢魏晋隋唐哲學類、佛道教哲學類、宋元明清哲學類、近現代哲學類、經部（易類、書類、禮類、春秋類、孝經類）等，其中以經學類占多數。本次整理皆選取各書存世的善本爲底本，制訂校勘記撰寫的基本原則以確保校勘品質。全套書采用繁體竪排加專名綫的古籍版式，嚴守古籍整理出版規範，並請相關領域專家多次審稿，作者反復修訂完善，旨在匯集保存中國哲學典籍文獻，同時也爲古籍研究者和愛好者提供研習的文本。

文化自信是一個國家、一個民族發展中更基本、更深沉、更持久的力量。對中國哲學典籍進行整理出版，是文化創新的題中應有之義。中國社會科學出版社秉持「傳文明薪火，發時代先聲」的發展理念，歷來重視中華優秀傳統文化的研究和出版。「中國哲學典籍卷」樣稿已在二〇一八年世界哲學大會、二〇一九年北京國際書展等重要圖書會展亮相，贏得了與會學者的高度讚賞和期待。

點校者、審稿專家、編校人員等爲叢書的出版付出了大量的時間與精力，在此一並致謝。由於水準有限，書中難免有一些不當之處，敬請讀者批評指正。

趙劍英

二〇二〇年八月

目録

孝經鄭注疏

孝經講義

孝經鄭注疏

〔清〕皮錫瑞 著

本書點校説明

皮錫瑞，字鹿門，一字麓雲，湖南善化人，生於清道光三十年（1850），卒於光緒三十四年（1908）。皮氏自幼善學，八歲能詩文，十四中童子試，二十四獲舉拔貢。曾主講於南昌經訓書院，出任南學會學長，創辦善化小學堂，此後又相繼在湖南高等學堂、湖南師範館、湖南中路師範學堂等地任教。皮氏具有極高的經學造詣，在晚清學術與政治上均占有重要地位。其治經主宗今文，所撰經學歷史、尚書大傳疏證、今文尚書考證、駁五經異議疏證等均聞名於世，生平著述，集爲師伏堂叢書及皮氏八種，並有其餘已刊及未刊遺著。孝經鄭注疏一書成於光緒二十一年（1895），是爲清代孝經學的集大成者。

清代及其後的孝經學與漢唐、六朝、宋明之世相比，整體創見不如前代，但仍涌現出一大批著述。有對孝經重新進行義理闡釋者，如簡朝亮兼采漢宋，宋育仁貫通中西，均重在孝經大義，在前人注釋上有所發明；有以現代史學眼光整理孝經學史者，如鄔慶時孝經通論、蔡汝堃孝經通考等；亦有在學術基礎之上，更將其視作回應晚清變局的思想資源，如曹元弼孝經學、孝經鄭氏注箋釋，陳伯陶孝經説等。其中，皮錫瑞孝經鄭注疏不僅精擅學理，并詳制度、經義，還發掘了孝經的經世性質，體現出一代經師的現實關懷。在此，筆者從學術、政治兩個角度，對本書特點做出簡要説明：

本書在學術上的成就，主要可歸納爲兩點：其一，皮氏對孝經及鄭注的性質作出了認定，直指孝經出自孔子，其注出自鄭玄，並無異議。前人屢有懷疑孝經作者爲曾子門人，或爲漢儒所輯，而皮錫瑞認同孝經乃是孔子爲曾子等生徒所陳孝道之書，并廣引漢代經籍文章，以證孝經絕非漢人僞作。而如南齊陸澄、唐劉知幾等人疑鄭注並非出自鄭玄，皮氏又考辨源流，於序中一一駁斥劉知幾「十二驗」，并附以疏中文本證據，其言真實可信。其二，皮疏盡力考訂和整理了對經、注的性質定位，也同時構成了皮氏作疏的立場依據。其二，皮疏盡力考訂和整理了鄭注，并對其做了精審的疏解。自孝經鄭注散佚以後，不少學者均有所搜集，其中以嚴可均根據日本流傳的群書治要本所考訂的成果最爲完善。皮氏採用嚴可均本作疏，頗具慧眼。此外，皮氏對鄭玄的孝經學亦有深刻的理解。他認爲，鄭玄孝經注乃是早期所作，故純用今文家言，不摻雜古文説。因此，皮疏徵引衆多文字，以五經及相應注疏爲主，並有諸子論著、兩漢文章、詔令、奏議等，即多選取各類典禮，以禮解經。在皮疏以前，便有「以禮制分今古」的做法，故皮氏所選典禮，爲今文家之禮説，以證鄭注及所據孝經均本今文。除此之外，皮疏也因文獻不足，造成了些許疏失。在數處疏中，由於缺乏敦煌新出土文獻的參校，皮氏囿於嚴輯本而不得正解，稍顯遺憾。但總的説來，本書對於鄭玄孝經學的闡發仍有不可磨滅的重要貢獻。

除學術以外，皮氏撰此書，亦懷有通經致用、回應現實之心。本書刊刻之時，正值甲午戰後，康有爲等改良派公車上書，要求變法。皮氏作爲今文學家，篤信孔子之法，故主張依託古制，進行政治變革。在孝經鄭注疏中，皮氏對制度的看重，並非僅僅出於對鄭學的服膺，也是爲維新變法尋找理論依據。如聖治章中對郊祀、明堂禮的辨析，卿大夫章中對選舉法的看重，以及五刑章中對「要君無上」的理解，都充分表現出皮氏身處家國巨變之際，仍舊典學稽古、殷憂社稷的精神。這既是他將孝經置於整全的經學體系中考量的結果，也是作爲一名今文經師的學術責任所在。

此次本書整理，以光緒乙未年刊行師伏堂叢書本爲底本，參校一九三四年上海中華書局所收四部備要本。點校過程中，有若干説明如下：

（一）皮疏原文本無分段，今根據文意略作提行，以便讀者閲覽。

（二）凡文内避諱字，一律徑改。

（三）原底本中錯訛、脱衍文字，均已出校記。顯誤者即改，其餘存疑。

（四）皮疏所引孝經註疏相關文字，有大略引用而無礙文意者，均不出校記。

（五）皮疏所引其餘典籍内容，有大略引用、無礙文意者，均不出校。有明顯字誤或者篇名、時間錯誤等，即出校。

整理者學力尚淺，點校之處難免訛誤，尚望通人不吝賜教。

常達

二〇一八年五月

序

學者莫不宗孔子之經，主鄭君之注，而孔子所作之孝經，疑非孔子之舊；鄭君所著之孝經注，疑非鄭君之書，甚非宗聖經、主鄭學之意也。古人著書，必引經以證義，引禮以證經，以見其言信而有徵。孔子作孝經，多引詩、書，此非獨孝經一書有然，大學、中庸、坊記、表記、緇衣，莫不如是。鄭君深於禮學，注易箋詩，必引禮爲證，其注孝經亦援古禮，此皆則古稱先、實事求是之義。自唐以來，不明此義，明皇作注，於鄭注徵引典禮者概置不取，未免買櫝還珠之失，而開空言說經之弊。宋以來，尤不明此義，朱子定本於經文徵引詩、書者，輒删去之，聖經且加刊削，奚有於鄭注？今經學昌明，聖經莫敢議矣，而鄭注猶有疑之者。

錫瑞案：鄭君先治今文，後治古文，大唐新語、太平御覽引鄭君孝經序云：「避難於南城山」，嚴鐵橋以爲避黨錮之難，是鄭君注孝經最早，其解社稷、明堂大典禮，皆引孝經緯援神契、鉤命決文。鄭所據孝經本今文，其注一用今文家説，後注禮箋詩，參用古文。陸彦淵、陸元朗、孔沖遠，不考今古文異同，遂疑乖違，非鄭所箸。劉子玄妄列十二證，請行僞孔，廢鄭，小司馬昌言排擊，得以不廢。而自明皇注出，鄭注遂散佚不完，近儒臧拜經、陳仲魚始裒輯之，嚴鐵橋四録堂本最爲完善。錫瑞從葉焕彬吏部假得手鈔四録堂本，博考群籍，信其塙是鄭君之注，乃竭愚鈍，據以作疏。孝經文本明顯，邢疏依經演説，已得大旨。兹惟於鄭注引典禮者爲之疏通證明，於諸家駁難鄭義者爲之解釋疑滯，冀以扶高密一家之學，而於班孟堅列孝經於小學之旨，亦無憒焉。輯本既據鐵橋，故案語不盡加别白。焕彬引陳本書鈔、武后臣軌，匡嚴氏所不逮，兹並著之，不敢掠美。更采漢以前徵引孝經者坿列於後，以證孝經非漢儒僞作，竊取丁儉卿孝經徵文之意云。光緒二十一年，歲在乙未，仲夏月，善化皮錫瑞自序於江西經訓書院。

鄭氏序

孝經者，三才之經緯，五行之綱紀。孝爲百行之首，經者不易之稱。玉海四十一藝文孝經類。僕避難於南城山，棲遲巖石之下，念昔先人，餘暇述夫子之志而注孝經。劉肅大唐新語九。

疏曰：御覽卷四十二「南城山」：「後漢書曰：『鄭玄漢末遭黄巾之難，客於徐州。』今孝經序，鄭氏所作。其序云：『僕避於南城之山，棲遲巖石之下，念昔先人，餘暇述夫子之志而注孝經。』蓋康成胤孫所作也。今西上可二里所，有石室焉，周迴五丈。俗云是康成注孝經處也。」鄭珍曰：「唐劉肅大唐新語云：『梁載言十道志解南城山，引後漢書云「鄭玄避黄巾之難」至「蓋胤孫所作也」。』證知御覽此條，出於梁載言，其首原有『十道志曰』四字。太平寰宇記沂州費縣下又系鈔梁志言，而改末句作『俗云是康成胤孫注孝經處』，殊失其原。今御覽傳本脱首四字，竹垞朱氏直以爲後漢書而謂范史無此文，未知爲袁山松、華嶠之書，抑薛瑩之書，脱誤之本，惑人如此。齊乘「南成城」：『費縣南百餘里，齊檀子所守，漢侯國，屬東海，因南成山而名。漢末黄巾之亂，鄭康成避地此山，有註經石室。』按：南成，今沂州府費縣地。後漢時，縣雖屬太山郡，在兖州部中，以禹貢州域言之，正徐州境内地也。又按南成屬兖部，康成避地於徐，先則陶恭祖以師友禮待，後則劉先主敬與周旋，不知何以又棲遲此山，豈恭祖興平元年死後，陳宫輩未迎先主，乃暫入山中著述耶？抑初去高密，先寓此山，青州黄巾入兖州，即初平三年四月也，此山於是時且不可避，乃始到徐州耶？無從考定矣。」

錫瑞按：據鄭珍説，御覽本十道志，志引後漢書，止首二句，「今孝經序」以下，皆梁載言之語。朱竹垞以爲皆後漢書，殊誤，鄭珍訂正是也，而梁載言之誤，猶未及訂正。鄭注孝經全用今文，當在注緯、注禮之時，與晚年用古文不合。序云「避難南城」，是避黨錮之難，非避黄巾之難。後漢書以爲被禁錮，修經業，杜門不出，而據鄭君自序，實有黨錮逃難之事，當是黨禍方急，不能不避，後事稍緩，乃歸杜門耳。若避地徐州，有陶恭祖、劉先主爲主人，不得有棲巖石之事。鄭小同注孝經，古無此説，自梁載言以爲胤孫所作，王應麟遂傅會以爲小同。梁蓋以孝經鄭氏解世多疑非康成，故調停其説，以爲康成之孫所作。又以序有「念昔先人」之語，於小同爲合，遂刱此論。案：鄭君八世祖崇爲漢名臣，祖沖亦明經學，周禮疏曰：「玄，鄭沖之孫。」禮檀弓疏：「皇氏引鄭説，稱鄭沖云：『小記云：「諸侯弔，必皮弁錫衰」，則此弁絰之衰，亦是弔服也。』」皇所引是鄭志之文，蓋鄭君稱其祖説以答問，然則鄭君之祖，必有著述。序云「念昔先人」，安見非鄭君自念其祖，而必爲小同念其祖乎？鄭珍既以小同之説不足爲信，又謂康成客徐州已六十六歲，注是晚年客中之作，俟小同長始檢得之，則猶爲梁載言所惑。其辨南成屬兖非徐，康成在徐，有陶恭祖、劉先主，不得棲遲此山，亦明知梁説爲不然，特未能盡闢之。則鄭君作注之年不明，而小同以孫冒祖之疑，亦終莫釋矣。

鄭氏解

疏曰：晉中經簿於孝經稱鄭氏解，據邢疏引。邢疏曰：「孝經者，孔子爲曾參陳孝道也。漢初，長孫氏、博士江翁、少府后倉、諫大夫翼奉、安昌侯張禹傳之，各自名家。經文皆同，唯孔氏壁中古文爲異。案：今俗所行孝經題曰『鄭氏注』，近古皆謂康成，而魏、晉之朝無有此說。晉穆帝永和十一年及孝武太元元年，再聚群臣共論經義，有荀昶者撰集孝經諸説，始以鄭氏爲宗。晉末以來，多有異端，陸澄以爲非玄所注，請不藏於祕省，王儉不依其請，遂得見傳。至魏、齊則立學官，著作律令，蓋由虜俗無識，故致斯訛舛。然則經非鄭玄所注，其驗有十二焉。據鄭自序云『遭黨錮之事逃難，至黨錮事解，注古文尚書、毛詩、論語，爲袁譚所逼，來至元城，乃注周易』，都無注孝經之文，其驗一也。鄭君卒後，其弟子追論師所注述及應對時人，謂之鄭志，其言鄭所注者，唯有毛詩、三禮、尚書、周易，都不言注孝經，其驗二也。又鄭志目録記鄭之所注，五經之外有中候、大傳、七政論、乾象曆、六藝論、毛詩譜、答臨碩難禮、許慎異義、釋廢疾、發墨守、箴膏肓、答甄守然等書，寸紙片言，莫不悉載，若有孝經之注，無容匿而不言，其驗三也。鄭之弟子分授門徒，各述所言，更爲問答，編録其語，謂之鄭記，唯載禮、易、論語，其言不及孝經，其驗四也。趙商作鄭玄碑銘，具載諸所注箋駁論，亦不言注孝經。晉中經簿『周易、尚書、中候、尚書大傳、毛詩、周禮、儀禮、禮記、論語』凡九書，皆云『鄭氏注，名玄』，至於孝經則稱『鄭氏解』，無『名玄』二字，其驗五也。春秋緯演孔圖注云：『康成注三禮、詩、易、尚書、論語，其春秋、孝經則有評論。』宋均詩譜序云『我先師北海鄭司農』，則均是玄之傳業弟子，師有注述，無容不知，而云春秋、孝經唯有評論，非玄所注特明，其驗六也。又宋均孝經緯注引鄭六藝論叙孝經云『玄又爲之注，司農論如是而均無聞焉。有義無辭，令予昏惑』，舉鄭之語而云『無聞』，其驗七也。宋均春秋緯注云『爲春秋、孝經』，則非注之謂，所言『又爲之注』者，泛辭耳，非事實。其叙春秋亦云『玄又爲之注』，寧可復責以實注春秋乎？其驗八也。後漢史書存於代者，有謝承、薛瑩、司馬彪、袁山松等，其所注皆無孝經；唯范曄書有孝經，其驗九也。王肅孝經傳首有司馬宣王奉詔令諸儒注述孝經，以肅説爲長。若先有鄭注，亦應言及，而不言鄭，其驗十也。王肅注書，好發鄭短，凡有小失，皆在聖證，若孝經此注亦出鄭氏，被肅攻擊最應煩多，而肅無言，其驗十一也。魏、晉朝賢辯論時事，鄭氏諸注無不撮引，未有一言孝經注者，其驗十二也。」

錫瑞案：邢疏列十二證，乃劉子玄之言，文苑英華、唐會要皆載之。子玄通史不通經，所著史通，疑古、惑經諸篇語多悖謬，近儒駁劉説，辨鄭注非僞是矣，然未盡得要領。茲謹述鄙見，用祛未寤。鄭注諸經，人皆信據，獨疑孝經注者，漢立博士，不及孝經，藝文志列小學前，熹平刻石，有論語無孝經。當時視孝經，不如五經、論語之重，故鄭君雖有注，其弟子或未得見，或置不引，致惑之故，皆由於此。鄭自序不言注孝經者，序云：「元城注易，乃在臨殁之年」，故舉晚年所注之書獨詳。序云「逃難」下，文苑英華、唐會要引多「注禮」二字。逃難注禮，在禁錮時；避難南城山注孝經，亦即其時，皆早年作，故自序云「注禮」不云「注孝經」，蓋略言之。注緯候更在先，亦略不言也。鄭志、鄭記、趙商碑銘皆不及注孝經，亦以不在五經，故偶遺漏。晉中經簿據隋書經籍志云：「但録題及言，至於作者之意，無所論辨。」是荀勖等無别裁之識，或沿漢志列之小學，故標題與九書不同；或因宋均之語有疑，故題鄭氏而不名也。宋均引鄭六藝論叙孝經云「玄又爲之注」，鄭君大賢，必不妄言，自云爲注，塙乎可信。古無刻本，鈔録甚艱，鄭君著書百餘萬言，弟子未必盡見。宋不見孝經注，固非異事。乃因不見，遂並師言不信而易其名，謂之略説，謂之評論，吕步舒不知其師書，以爲大愚，宋之昏惑，殆亦類是。鄭叙春秋亦云「玄又爲之注」，春秋、孝經相表裏，故鄭皆爲之注，據其自序文義正同。世説新語云：「鄭玄注春秋尚未成，遇服子慎，盡以所注與之。」是鄭實注春秋，則實注孝經可知。謝承諸書失載，猶鄭志目録失載耳。范書載孝經，遺周禮，豈得謂周禮非鄭注哉？司馬氏與王肅有連，左袒王肅，先有鄭注，何必言及？王肅聖證駁鄭孝經注「社，后土」，明見郊特牲疏，近儒已多辨之，考之邢疏，亦有一證。聖治章疏曰：「鄭玄以祭法有『周人禘嚳』之文，遂變郊爲祀感生之帝，謂東方青帝靈威仰，周爲木德，威仰木帝。以駁之曰：『按爾雅曰「祭天曰燔柴，祭地曰瘞薶」，又曰「禘，大祭也」，謂五年一大祭之名。又祭法祖有功、宗有德，皆在宗廟，本非郊配。若依鄭説，以帝嚳配祭圜丘，是天之最尊也。周之尊帝嚳不若后稷，今配青帝，乃非最尊，實乖嚴父之義也。且徧窺經籍，並無以帝嚳配天之文。若帝嚳配天，則經應云「禘嚳於圜丘以配天」，不應云「郊祀后稷」也。』」案：「以駁之曰」以下，是王肅駁鄭之語。肅引孝經駁鄭，塙是駁孝經注。邢疏於下文，亦謂是聖證論，則「以駁之曰」上必有脱誤。黄榦儀禮經傳通解續引孝經邢疏「以駁之曰」上多「韋昭所著亦符此説，唯魏太常王肅獨著論」十七字，文義完足，所據當是善本，今本邢疏乃傳刻譌奪耳。子玄生於唐時，聖證論尚在，乃漫不一考，且謂魏、晉朝賢，無引孝經注者，王肅豈非魏、晉人乎？此十二驗，皆不足證鄭注之僞。鄭六藝論自言爲注，無可致疑。自宋均操戈於前，陸澄發難於後，劉子玄等從而吠聲，鄭注遂亡，遺文十不存一。群書治要來自海外，近儒疑與釋文、邢疏不合，不知治要本非全注。嚴可均取治要與釋文、邢疏所引合訂，近完善，可繕寫，真高密功臣矣。

開宗明義章第一

邢疏云：「劉向校經籍，以十八章爲定，而不列名。又有荀昶集其録及諸家疏，並無章名，而援神契自天子至庶人五章，唯皇侃標其目而冠於章首。今鄭注見章名，豈先有改除，近人追遠而爲之也？」嚴可均曰：「按釋文用鄭注，本有章名。群書治要無章名。據天子章注云：『書録王事，故證天子之章』，是鄭注見章名也。」錫瑞案：本章鄭注云：「方始發章，以正爲始。」尤足爲鄭注見章名之證。

仲尼凥，【注】仲尼，孔子字。治要。凥，凥講堂也。釋文。曾子侍。【注】曾子，孔子弟子也。治要。錫瑞案：陳鱣輯鄭注本有「卑在尊者之側曰侍」，云見釋文、正義。考釋文、正義皆無明文以爲鄭注，嚴可均輯本無之，今從嚴本。

疏曰：鄭注云：「仲尼，孔子字」者，明皇注同。邢疏曰：「云『仲尼，孔子字』者，案家語云：『孔子父叔梁紇娶顔氏之女徵在，徵在既往廟見，以夫年長，懼不時有男，而私禱尼丘山以祈焉。孔子故名丘，字仲尼。』夫伯、仲者，長幼之次也。仲尼有兄字伯，故曰『仲』。其名則案桓六年左傳申繻曰名有五，其三曰『以類命爲象』，杜注云：『若孔子首象尼丘。』蓋以孔子生而圩頂，象尼丘山，故名丘，字仲尼。而劉瓛述張禹之義，以爲仲者中也，尼者和也，言孔子有中和之德，故曰仲尼。殷仲文又云：『夫子深敬孝道，故稱表德之字。』及梁武帝又以丘爲聚，以尼爲和，今竝不取。」錫瑞案：史記孔子世家曰：「叔梁紇與顏氏女禱於尼丘，得孔子，魯襄公二十二年而孔子生。生而首上圩頂，故因名曰丘，字仲尼。」白虎通聖人篇曰：「孔子反宇，是謂尼甫。」是聖人之字，本以反宇圩頂，故名、字皆以類命爲象。爾雅釋丘曰：「水潦所止，泥丘。」釋文曰：「依字又作屔，郭云頂上洿下者。」說文丘部：「屔，反頂受水丘也。」據此，則屔是正字，泥是古通用字，尼是假借字。水潦所止，是爲泥淖。儀禮注曰：「淖者，和也。」張禹說「尼者，和也」，蓋從泥淖傳會爲義。漢碑或作「仲泥」，亦屬古字通用。顏氏家訓曰：「至於『仲尼居』三字之中，兩字非體，三蒼『尼』旁益『丘』，說文『尸』下施『几』，如此之類，何由可從？」顏氏不知「居」字本當作「凥」，鄭君亦同許義。屔字乃孔子命名取字本義，何不可從之有？邢氏不取張、劉、梁武傅會之說，甚是，但不應舍史記引家語耳。丁晏謂仲尼之字當如張禹之說，家語謂禱於尼山而生，僞撰不足信。丁氏不知家語雖僞，而禱尼山及孔子命名取字之義，明見史記，固可信也。

注云「凥，凥講堂也」者，御覽百七十六居處部四引郡國誌曰：「王屋縣有孔子學堂，西南七里有石室，臨大河，水勢湍急，五里之間寂無水聲，如似聽義。」又曰：「齊桓公宮城西門外有講堂，齊宣王立此學也，故稱爲稷下。春秋『莒子如齊，盟于稷門』，此也。」又引齊地記曰：「臨淄城西門外有古講堂，基柱猶存，齊宣王修文學處也。」又引益州記曰：「文翁學堂在城南。」華陽國志曰：「文翁立講堂作石室，一曰玉堂，在城南。」錫瑞案：據郡國誌，齊地記，則古有講堂之名；據益州記、華陽國志，則講堂即學堂，是孔子講堂亦即孔子學堂，而此所凥講堂，又非王屋臨河之講堂。蓋即曲阜之孔子宅，後世稱爲夫子廟堂者，即當日之講堂矣。邢疏引劉炫述義，其略曰：「炫謂孔子自作孝經，本非曾參請業而對也。……若依鄭説，實居講堂，則廣延生徒，侍坐非一，夫子豈淩人侮衆，獨與參言邪？且云『汝知之乎』，何必直汝曾子而參先避席乎？必其偏告諸生，又有對者，當參不讓儕輩而獨答乎？假使獨與參言，言畢參自集録，豈宜稱師字者乎？由斯言之，經教發極，夫子所撰也。而漢書藝文志云：『孝經者，孔子爲曾子陳孝道也。』謂其爲曾子特説此經，然則聖人之有述作，豈爲一人而已？斯皆誤本其文，致兹乖謬也。所以先儒注解，多所未行。唯鄭玄之六藝論曰：『孔子以六藝題目不同，指意殊別，恐道離散，後世莫知根源，故作孝經以總會之。』其言雖則不然，其意頗近之矣。」案：劉氏信鄭六藝論，不信此注，所見殊滯，不知此注云「凥講堂」與六藝論並非矛盾。鈎命決引孔子曰：「吾志在春秋，行在孝經。」是孝經本夫子自作，而必假曾子爲言者，以其偏得孝名，故以孝經屬之。鈎命決又引孔子曰：「春秋屬商，孝經屬參」是也。一貫呼參，門人皆在，則與曾子論孝，何不可在廣延生徒之時？劉氏疑爲淩人侮衆，何其迂乎！子思著書，闡揚祖德，篇首發端可稱祖字，乃疑曾子不可稱師字，又非其理也。禮記「孔子閒居」，鄭注云：「退燕避人曰閒居。」此注以「凥」爲「凥講堂」，正以經無「閒」字，故其解異。説文几部：「尻，處也。孝經曰：『仲尼尻』，尻謂閒尻如此。」許君古文孝經作「尻」，與鄭本同。古文説解「尻」爲「閒尻」，與鄭解異。王肅好與鄭異，從古文説解爲「閒居」，僞撰古文，乃於經文竄入「閒」字，不顧與許君古文違異。劉氏傳僞古文之本，遂詆鄭君「尻講堂」爲非，膠柱之見，苟異先儒。邢氏不從劉説，而以鄭氏所説爲得，其見卓矣。

注云「曾子，孔子弟子」者，明皇注同。邢疏云：「案史記仲尼弟子傳稱：『曾參，南武城人，字子輿，少孔子四十六歲。孔子以爲能通孝道，故授之業，作孝經，死於魯。』故知是仲尼弟子也。」

子曰：「先王有至德要道，【注】子者，孔子。治要。禹，三王最先者。釋文。嚴可均曰：「按釋文，此下有『案：五帝官天下，三王禹始傳於子，按：釋文本作殷。於殷配天，故爲孝教之始。王，謂文王也』二十八字，蓋皆鄭注。唯因有『案』字，與鄭注各經不類，故疑爲陸德明申説之詞，退坿於注末。」至德，孝悌也。要道，禮樂也。釋文。以順天下，民用和睦，上下無怨。【注】以，用也。睦，親也。至德以教之，要道以化之，是以民用和睦，上下無怨也。治要。女知之乎？」

疏曰：鄭注云：「禹，三王最先者」，據周制而言也。繁露三代改制質文篇曰：「王者之後〔一〕，必正號。

〔一〕「後」，春秋繁露原文作「法」。

絀王謂之帝，封其後以小國，使奉祀之；下存二王之後以大國，使服其服，行其禮樂，稱客而朝。故同時稱帝者五，稱王者三，所以昭五端，通三統也。是故周人之王，尚推神農爲九皇，而改號軒轅，謂之黄帝。因存帝顓頊、帝嚳、帝堯之帝號，絀虞而號舜曰帝舜，録五帝以小國。下存禹之後於杞，存湯之後於宋，以方百里，爵稱公。皆使服其服，行其禮樂，稱先王，客而朝。」據此，足知後世稱舜以上爲五帝，禹以下爲三王，皆承周制言之。孔子周人，其稱先王，當以禹爲三王最先者矣。盧文弨校釋文，改「始傳於殷」之「殷」爲「子」，謂「於殷配天」之文亦有脱誤，當謂「殷亦世及，故殷禮陟配天，多歷年所」。嚴可均謂釋文二十八字蓋皆鄭注。錫瑞案：鄭以先王專指禹，陸氏推鄭之意，以爲五帝官天下，禹始傳子。傳子者，尤重孝，「故爲孝教之始」，正申説三王最先之旨。「王，謂文王也」，乃陸氏自以意解經之先王，專屬周言，不兼前代，別爲一義，與鄭不同。若並以爲鄭注，與鄭專舉禹之意不合，非特有「案」字，與各經注不類。嚴氏之説，恐未塙也。注以至德爲孝悌，要道爲禮樂者，周禮鄉大夫：「考其德行、道藝」，疏云：「德行謂六德、六行；道藝謂六藝。」是德與行爲一類，道與藝爲一類。六行以孝友爲首，六藝以禮樂爲首，故鄭君分別至德爲孝悌，要道爲禮樂，據周禮爲説也。廣要道章首舉孝悌、禮樂，鄭義與經文合。「以順天下」，鄭無注。據下三才章「以順天下」，鄭注云：「順治天下」，則此「順」字，鄭亦當以「順治」解之。明皇注云：「能順天下人心」，與鄭義近。近解謂「順」當通作「訓」，非鄭義也。陸賈新語：「孔子曰：先王有至德要道，以順天下」，引此經文。

注云：「以，用也」者，易象下傳「文王以之」虞注，詩谷風「不我屑以」，大東「不以服箱」箋，載芟

「侯彊侯以」傳，周禮鄉大夫「退而以鄉射之禮五物詢衆庶」注，儀禮士昏禮「以湆醬」注，禮記曾子問「有庶子祭者以此」注，左氏成八年傳「霸主將德是以」，昭四年傳「死生以之」注，國語周語「魯人以莒人先濟」，吳語「請問戰奚以而可」注，中候「黑烏以雄」注，廣雅釋詁四，小爾雅廣詁皆云：「以，用也。」

云「睦，親也」者，易夬「莧陸夬夬」釋文引蜀才注，書堯典「九族既睦」鄭注，國語周語「和協輯睦」，晉語「能内睦而後圖外」注，皆云「睦，親也」。鄭云「至德以教之，要道以化之」，則其解「以順天下」，亦兼含「訓」字之義矣。漢書禮樂志曰：「於是教化浹洽，民用和睦」，引此經。

曾子避席，曰：「參不敏，何足以知之？」【注】參，名也。治要。敏，猶達也。儀禮鄉射記疏。參不達。治要。子曰：「夫孝，德之本也，【注】人之行，莫大於孝，故曰德之本也。治要。案：明皇注云：「故爲德本。」正義曰：「此依鄭注，引其聖治章文也。」教之所由生也。【注】教人親愛，莫善於孝，故言教之所由生。治要。

疏曰：鄭注云：「敏，猶達也」者，左氏成九年傳：「尊君，敏也」，襄十四年傳：「有臣不敏」注，國語晉語「且晉公子敏而有文」，又「寡知不敏」，又「知羊舌職之聰敏肅給也」注，孟子離婁「殷士膚敏」注，皆云「敏，達也」。「避席」句，鄭無注。案：鄭注文王世子「終則負牆」云：「卻就後席相辟」，又注孔子閒居「負牆而立」云：「起負牆者，所問竟，辟後來者。」然則曾子避席，正以同在講堂，獨承聖教，故辭不敢當，而引避他人也。

云「人之行莫大於孝」者，聖治章文。中庸：「立天下之大本。」鄭注：「大本，孝經也。」以此經注證之，其義至塙。說苑建本篇引孔子曰：「立體有義矣，而孝爲本。」延篤仁孝論曰：「夫仁人之有孝，猶四體之有心腹，枝葉之有根本也。」

云「教人親愛，莫善於孝」者，廣要道章文。邢疏引祭義稱曾子云：「衆之本教曰孝。」案：曾子大孝篇亦有是語。盧注引孝經曰：「夫孝，德之本也，教之所由生也。」祭義：「子曰：立愛自親始，教民睦也。」疏云：「立愛自親始者，言人君欲立愛於天下，從親爲始。言先愛親也。教民睦也者，己先愛親，人亦愛親，是教民睦也。」此即「教人親愛，莫善於孝」之旨也。

復坐，吾語女。身體髮膚，受之父母，不敢毀傷，孝之始也。【注】父母全而生之，己當全而歸之。明皇注。正義云：「此依鄭注，引祭義樂正子春之言也。」立身行道，揚名於後世，以顯父母，孝之終也。【注】父母得其顯譽也者。釋文語未竟，或當作「者也」，轉寫倒。

疏曰：鄭注云：「父母全而生之，己當全而歸之」者，祭義樂正子春曰：「吾聞諸曾子，曾子聞諸夫子曰：天之所生，地之所養，無人爲大。父母全而生之，子全而歸之，可謂孝矣。不虧其體，不辱其身，可謂全矣。」曾子聞諸夫子，當即孝經之文，故鄭君引之以注經也。邢疏云：「身謂躬也，體謂四支也，髮謂毛髮，膚謂皮膚，……毀謂虧辱，傷謂損傷。……鄭注周禮『禁殺戮』云：『見血爲傷』是也。」注以「顯父母」爲「父母得其顯譽也者」，說文：「譽，稱也。」詩振鷺「以永終譽」，箋云：「譽，聲美也」，是得顯譽，即揚名也。邢疏引祭義曰：「孝也者，國人稱願然，曰『幸哉，有子如此』」，又引哀公問稱孔子對曰：「『君子也者，人之成名也。百姓歸之名，謂之君子之子。是使其親爲君子也。』此則揚名榮親也。」案：內則：「父母雖沒，將爲善，思貽父母令名，必果」，亦揚名顯父母之義。論衡四諱篇引孔子曰「身體髮膚」至「不敢毀傷」，風俗通太原周黨下引孝經曰「身體髮膚」至「孝之始也」。

夫孝，始於事親，中於事君，終於立身。【注】父母生之，是事親爲始。卌彊正義作「四十強」，依釋文改。而仕，是事君爲中。七十行步不逮，縣車以上六字，依釋文加。致仕，按釋文有校語云自「父母」至「致仕」今本無，蓋宋人不知釋文用鄭注本也。後皆放此。是立身爲終也。正義。

疏曰：鄭注云：「父母生之，是事親爲始；卌彊而仕，是事君爲中；七十行步不逮，縣車致仕，是立身爲終也」者，曲禮曰：「四十曰彊而仕」，又曰：「大夫七十而致仕」。內則曰：「四十始仕，七十致仕。」鄭君據此爲說。致仕必縣車者，白虎通致仕篇曰：「臣年七十，縣車致仕者，臣以執事趨走爲職，七十陽道極，耳目不聰明，跂踦之屬，是以退老去，避賢者路，所以長廉遠恥也。縣車，示不用也。」公羊疏引春秋緯云：「日在懸輿，一日之暮；人年七十，亦一時〔二〕之暮。而致其政事於君，故曰懸輿致仕。」淮南子天文訓：「至於悲泉，爰止其女，爰息其馬，是謂懸輿。」二説以人年七十，與日在懸輿同，故云「懸輿致仕」，與白虎通「懸車，示不用」異。鄭義當同白虎通也。劉炫駁云：「若以始爲在家，終爲致仕，則兆庶皆能有始，人君所以無終。若以年七十者始爲孝終，不致仕者皆爲不立，則中壽之輩盡曰不終。顔子之徒，亦無所立矣。」錫瑞案：劉氏刻舟之見，疑非所疑。必若所云，天子尊無二上，無君可事，豈但無終？又有遁世者流，不事王侯，豈皆不孝？不惟鄭注可駁，聖經亦可疑矣。經言常理，非爲一人而言，鄭注亦言其常，何得以顔夭爲難哉？史記自序云：「且夫孝始於事親，中於事君，終於立身，揚名於後世，以顯父母，此孝之大也。」約舉此經。

大雅云：「無念尒按釋文作「爾」，有校語云：本今作「爾」，知原本是「尒」字，今改復。**祖，聿修厥德。」**【注】大雅者，詩之篇名。治要 雅者，正也。方始發章，以正爲始。正義。無念，無忘也。聿，述也。修，治也。爲孝

〔二〕「時」，春秋公羊傳註疏原文作「世」。

之道，無敢忘尒先祖，當修治其德矣。治要。

疏曰：鄭注云：「大雅者，詩之篇名。雅者，正也」者，鄭詩譜曰：「小雅、大雅者，周室居西都豐鎬之時詩也。大雅之初，起自文王。至於文王有聲，據盛隆而推原天命，上述祖考之美。」詩序曰：「雅者，正也。言王政之所由廢興也。政有小大，故有小雅焉，有大雅焉。」疏曰：「雅者，訓爲正也。由天子以政教齊正天下，故民述天子之政，還以齊正爲名。王之齊正天下得其道，則述其美，雅之正經及宣王之美詩是也。若王之齊正天下失其理，則刺其惡，幽、厲小雅是也。」

云「方始發章，以正爲始」者，鄭君宗毛，用毛詩序訓「雅」爲「正」。孝經引詩，但稱「詩云」，不舉篇名。此經獨云大雅，故鄭解之以爲此是開宗明義，方始發章，意在以正爲始，當取雅之正名，故不渾稱「詩云」，而必別舉其篇名矣。

云「無念，無忘也」者，詩毛傳曰：「無念，念也。」箋云：「當念女祖爲之法。」鄭箋詩從毛義，此以無念爲無忘，亦同毛義。「無忘」即是「念」，「無忘」之「無」是實字，與「無念」之「無」爲語辭者，義不同也。

云「聿，述也；修，治也」者，毛傳曰：「聿，述也。」本爾雅釋詁文。箋云：「述修祖德」，從毛義，此亦從毛義也。易象下傳「修井也」虞注，禮記中庸「修道之謂教」注，論語顏淵「敢問崇德、修慝、辨惑」

集解引孔注，又皇疏，國語晉語「飾其閉修」注，廣雅釋詁三，皆云「修，治也」。云「爲孝之道，無敢忘尒先祖，當修治其德矣」者，鄭從毛訓「聿」爲「述」，則「修治其德」，亦當如箋詩義，以爲述修祖德。其德屬祖德，非己德，己之德不可言述也。邢疏云：「述修先祖之德而行之」，與鄭義合。漢書匡衡傳：「衡上疏曰：大雅曰：『無念爾祖，聿修厥德。』孔子著之孝經首章，蓋至德之本也。」案：朱子作孝經刊誤，删去「子曰」及引詩、書之文，謂非原本所有。考御覽引鉤命決曰：「首仲尼以立情性，言子曰以開號，列曾子示撰輔，書、詩以合謀。」緯書之傳最古，其説如此。匡衡之疏，尤足證。引詩爲聖經之舊，非後人所增竄。孝經每章必引詩、書，正與大學、中庸、坊記、表記、緇衣諸篇文法一例。朱子於大學、中庸所引詩、書皆極尊信，未嘗致疑，獨疑孝經，何也？

天子章第二

子曰：「愛親者不敢惡於人，【注】愛其親者，不敢惡於他人之親。治要。敬親者不敢慢於人。【注】己慢人之親，人亦慢己之親。故君子不爲也。治要。

疏曰：經言「人」，鄭注以爲「人之親」，又云「己慢人之親，人亦慢己之親，故君子不爲也」者，所以補明經義也。明皇注云：「博愛也，廣敬也。」邢疏曰：「此依魏注也。言君愛親，又施德教於人，使人皆愛其親，不敢有惡其父母者，是博愛也。言君敬親，又施德教於人，使人皆敬其親，不敢有慢其父母者，是廣敬也。」案：明皇用魏注，探下文德教爲説，詳鄭君之注，意似不然。經文二語，本屬泛言，自「愛敬盡於事親」以下，始言天子之孝。故鄭注亦泛言其理，不探下意爲解。孟子曰：「愛人者，人恒愛之；敬人者，人恒敬之。」又曰：「殺人之父，人亦殺其父。殺人之兄，人亦殺其兄。」然則愛敬其親者，不敢惡慢他人之親，鄭注得其旨矣。

愛敬盡於事親，【注】盡愛於母，盡敬於父。治要。而德教加於百姓，【注】敬以直内，義以方外，故德教加於百姓也。治要。形於四海，【注】形，見也。德教流行，見四海也。治要。按：文當有「於」字。蓋天子之孝也。」【注】蓋者，謙辭。正義。

疏曰：鄭注云：「盡愛於母，盡敬於父」者，士章曰：「資於事父以事母而愛同，資於事父以事君而敬同。故母取其愛，而君取其敬，兼之者父也。」據經義，是愛當屬母，敬當屬父，故鄭據以爲說。表記曰：「今父之親子也，親賢而下無能；母之親子也，賢則親之，無能則憐之。母親而不尊，父尊而不親。」然則尊親敬愛，固當有別矣。

注以「敬以直内，義以方外」解「德教加於百姓」者，易：「乾爲敬，坤爲義，乾爲父，坤爲母。」鄭於上文注以敬、愛分屬父母言，其引易，或亦以乾父坤母爲説。易曰：「敬義立而德不孤」，與此經言德教有合。鄭君易注殘闕，「坤」六二一條不傳，未知然否。

云「形，見也。德教流行，見四海也」者，國語越語：「天地形之」，又「天地未形，而先爲之征」注，荀子儒效「忠信愛利形乎下」，又彊國「愛利則形」，又堯問「形於四海」注，吕覽精通「夫月形乎天」注，淮南原道「好憎成形」，又「滅而無形」，又俶真「形物之性也」注，廣雅釋詁三皆云：「形，見也。」明皇注本作「刑」，而序仍用鄭本作「形」，云：「雖無德教加於百姓，庶幾廣愛形於四海。」邢疏曰：「形，猶見也。義得兩通。」臧庸曰：「此經『形於四海』，猶感應章『光於四海』，當從鄭作『形』。唐本作『刑』，非。」案：鄭注感應章引詩云：「義取孝道流行，莫不被義從化」，與此注「德教流行」正合。援神契曰：「天子行孝曰『就』，言德被天下，澤及萬物，始終成就，榮其祖考也。」

云「蓋者，謙辭」者，禮運：「蓋歎魯也」、深衣「蓋有制度」疏，皆云「蓋者，謙爲疑辭」，與注義合。劉炫駁云：「若以制作須謙，則庶人亦當謙矣。苟以名位須謙，夫子曾爲大夫，於士何謙，而亦云『蓋』也？斯則卿士以上之言『蓋』者，並非謙辭可知也。」案：劉炫傳古文孔傳，云「蓋者，辜較之辭」，又釋之曰「辜較，猶梗概也」，義與鄭注不符，故曲説駁鄭，未可信據。

甫刑云：【注】甫刑，尚書篇名。治要。「一人有慶，【注】引譬連類，文選孫子荆爲石仲容與孫皓書注。釋文作「引辟」，云或作「譬」，同。引類得象，書録王事，故證天子之章。正義。一人謂天子。治要。兆民賴之。」【注】億萬曰兆，天子曰兆民，諸侯曰萬民。五經算術上。嚴可均曰：「按甄鸞引此注，但云『從孝經注釋之』。今知鄭注者，隋經籍志云：周、齊唯傳鄭氏。」天子爲善，天下皆賴之。治要。

疏曰：鄭注云：「甫刑，尚書篇名」者，今文尚書作甫刑，古文尚書作吕刑。孝經之外，如禮記緇衣、史記周本紀、鹽鐵論詔聖篇、漢書刑法志、論衡非韓篇，鄭君引書説，趙岐注孟子，皆從今文作甫刑。惟墨子從古文，作吕刑，爲異。孝經本今文，鄭注孝經，亦從今文也。緇衣疏引鄭君孝經序曰：「春秋有吕國而無甫侯。」鄭意蓋以甫侯之國，其先稱甫，至春秋後始稱吕國。左氏傳曰：「子重請取於申、吕，以爲賞田」，是春秋後稱吕之證。詩揚之水曰：「不與我戍甫。」崧高曰：「生甫及申。」毛傳曰：「於周則有甫、有申。」鄭箋云：「周之甫也、申也。」「維申及甫」，鄭箋云：「申，申伯也。甫，甫侯也。」是其先稱甫之證。國語周語曰：「賜姓曰姜，氏曰有吕」，是吕其氏也，甫其國也。鄭語曰：「申、吕雖衰，齊、許猶在」，以吕爲國，與左傳言申、吕同。春秋時或以氏稱其國，或其國改稱吕，皆未可知。要在周初，其國當稱甫，不當稱吕，今文尚書作甫刑，爲得其實。邢疏引孔安國云：「後爲甫侯，故稱甫刑。」然則春秋有吕國，無甫侯，豈其先國名吕，而改稱甫，後又由甫而改稱吕乎？知不然矣。

云「引譬連類，引類得象，書録王事，故證天子之章」者，鄭意經引詩、書爲譬況，皆以其類，由類得象。此章言天子之孝，故以書之録王事者證之。

云「一人謂天子」者，邢疏引舊説：「『天子自稱則言「予一人」，予，我也。言我雖身處上位，猶是人中之一也，與人不異，是謙也。若臣人言之，則惟言「一人」。言四海之内惟一人，乃爲尊稱也。』天子者，帝王之爵，猶公、侯、伯、子、男五等之稱。」錫瑞案：舊説本於孝經緯。白虎通爵篇曰：「天子者，爵稱也。爵所以稱天子何？王者父天母地，爲天之子也。故援神契曰：『天覆地載謂之天子，上法鬥極。』鉤命決曰：『天子，爵稱也。』」又號篇曰：「或稱一人。王者自謂一人者，謙也，欲言己材能當一人耳。故論語曰：『百姓有過，在予一人。』臣下謂之一人何？亦所以尊王者也。以天下之大、四海之内，所共尊者一人耳。故尚書曰：『不施予一人。』」白虎通亦本於孝經古義也。又儀禮覲禮曰：「余一人嘉之。」禮記曲禮曰：「朝諸侯，分職授政任功曰予一人。」後漢書陳蕃傳引禹曰：「萬方有罪，在余一人。」國語周語、呂氏春秋引湯曰：「萬夫有罪，在予一人。」墨子兼愛及説苑、韓詩外傳引武王曰：「萬方有罪，維予一人。」是「一人」爲古天子謙辭之通稱也。

云「億萬曰兆，天子曰兆民，諸侯曰萬民」者，禮記内則：「降德於衆兆民」，鄭注「萬億曰兆，天子曰兆民，諸侯曰萬民」，與此注同。鄭注蓋以億萬即萬億也。「天子曰兆民」二語，用左氏閔二年傳文。甄鸞曰：「按注云『億萬曰兆』者，理或未盡。何者？按黃帝爲法，數有十等。及其用也，乃有三焉。十等者，謂億、兆、京、垓、秭、壤、溝、澗、正、載也。三等者，謂上中下也。其下數者，十十變之，若言十萬曰億，十億曰兆，十兆曰京也。中數者，萬萬變之，若言萬萬曰億，萬萬億曰兆，萬萬兆曰京也。上數者，數窮則變，若言萬萬曰億，億億曰兆，兆兆曰京也。若以下數言之，則十億曰兆；若以中數言之，則萬萬億曰兆；若以上數言之，則億億曰兆。注乃云『億萬曰兆』，正是萬億也。若從中數，則須有十萬億、次百萬億、次千萬億、次萬萬億曰兆。三數並違，有所未詳。尚書無此注，故從孝經注釋之。」錫瑞案：甄氏亦以爲鄭云「億萬」即是「萬億」，鄭義與甄氏所推三數皆不合。鄭君善算，其所據算書蓋與甄氏所據不同，故内則注亦云「萬億曰兆」也。

云「天子爲善，天下皆賴之」者，鄭訓「慶」爲「善」。詩韓奕「慶既令居」箋，禮記祭統「率作慶士」注，左氏昭三十年傳「大國之惠，亦慶其家」注，廣雅釋詁一，皆曰「慶，善也。」明皇注亦作「慶，善也」。邢疏曰：「言天子一人有善，則天下兆庶皆倚賴之也。善則愛敬是也。一人有慶，結『愛敬盡於事親』已上也；兆民賴之，結『而德教加於百姓』已下也。」

諸侯章第三

在上不驕，高而不危。【注】諸侯在民上，故言在上。敬上愛下，謂之不驕。故居高位而不危殆。治要。制節謹度，滿而不溢。【注】費用儉約，謂之制節。奉行天子法度，謂之謹度。故能守法而不驕逸也。治要。奢泰爲溢。釋文。

疏曰：鄭注云：「諸侯在民上，故言在上」者，天子、諸侯、卿大夫、士，皆在民上。此章言諸侯之孝，故鄭專舉諸侯言之。

云「敬上愛下，謂之不驕」者，諸侯上有天子，當敬上；下有卿大夫、士、庶，當愛下。二者皆不驕之道也。邢疏解明皇注「無禮爲驕」曰：「無禮，謂陵上慢下也。」不敬上愛下，即陵上慢下矣。

云「居高位而不危殆」者，邢疏曰：「言諸侯在一國臣人之上，其位高矣。高者危懼，若能不以貴自驕，則雖處高位，終不至於傾危」是也。

云「費用儉約，謂之制節」者，明皇注同。邢疏曰：「謂費國之財以爲己用，每事儉約，不爲華侈，則論語『道千乘之國，云節用而愛人』是也。」

云「奉行天子法度，謂之謹度」者，援神契曰：「諸侯行孝曰度。言奉天子之法度，得不危懼，是榮其先祖也。」

云「故能守法而不驕逸」者，荀子不苟篇曰：「以驕溢人。」注：「溢，滿也。」驕逸，即驕溢；不驕逸，即不溢矣。

云「奢泰爲溢」者，廣雅釋詁二：「溢，盛也。」莊子人間世「夫兩喜必多溢美之言」注，文選東京賦「規摹踰溢」薛注，皆曰「溢，過也」。奢泰即過盛，故奢泰爲溢也。漢建武二年封功臣，策曰：「在上不驕，高而不危，制節謹度，滿而不溢」，引此經。

高而不危，所以長守貴也。【注】居高位而不驕，所以長守貴也。治要。滿而不溢，所以長守富也。【注】雖有一國之財，而不奢泰，故能長守富。治要。

疏曰：鄭注云：「居高位而不驕」者，順經文爲説也。

云「雖有一國之財而不奢泰」者，禮記曲禮曰：「問國君之富，數地以對，山澤之所出。」是諸侯有一國之財也。奢泰爲溢，不奢泰即不溢。漢堯廟碑云：「高如不危，滿如不溢」，引此經。古「而」、「如」通用。

富貴不離其身，【注】富能不奢，貴能不驕，故能不離其身。治要。

疏曰：鄭注承上而言。臧庸曰：「釋文『離』音『力智反』，則『不』字後人所加。唐注云：『富貴常在其身。』正義謂此依王肅注，則王肅本亦無『不』字，何也？蓋『常在其身』者，謂常麗著其身也。易彖傳：『離，麗也。』象傳：『離王公也。』鄭作『麗』，梁武『力智反』。此經云『富貴離其身』，猶諫爭章云：『則身離於令名』。釋文於彼，亦音『力智反』。標經無『不』字，可前後互證。」阮福謂：「此不然也。臧謂『力智反』，當爲離著之義。其實古人仄聲，亦可訓分離。此經文明明有『不』字，且『不』字與『不危』、『不溢』相應，『不離』與『長守』相應，安可以釋文『力智反』，即拘泥爲無『不』字乎？又況吕覽引此，明明有『不』字乎？若以明皇注『常在』爲『麗著』之證，則石臺孝經皆有『不』字，『不麗著』更不成詞矣。」錫瑞案：阮説是也。據鄭注，則鄭本亦有「不」字，臧氏輯鄭注，未見治要，故有此疑。

然後能保其社稷，【注】上能長守富貴，然後乃能安其社稷。治要。社謂后土也，句龍爲后土。周禮封人疏。禮記郊特牲正義。嚴可均曰：「按：注不言稷，猶未竟。」

疏曰：鄭注云：「上能長守富貴」，承上文言。云「社謂后土也，句龍爲后土」者，侯康曰：「周禮封人疏引鄭孝經注云『社謂后土』，而申其義曰：『舉配食者而言。』蓋鄭君意以社爲五土總神，稷爲原隰之神。句龍以其有平水土之功，配社祀之；稷有播種之功，配稷祀之，用援神契，與賈逵等謂社即句龍，稷即后稷，皆人鬼，非地神者不同。此云『社謂后土』，后土正是句龍，似反用賈逵等，故疏解之云『舉配食者而言』。馬昭等又有一說。句龍爲后土之官，地神亦爲后土。左氏云：『君履后土而戴皇天。』鄭云：『后土謂地神，非謂句龍也。』二説雖殊，要鄭此注，文同賈逵等，而意實異可知。考鄭義亦有所本。駁五經異義引今孝經説曰：『社者，土地之主。土地廣博，不可遍敬，封五土以爲社。』則此自今文孝經舊説，而鄭注遵用之也。」錫瑞案：侯説是也。小雅疏引鄭志：「鄭答田瓊曰：后土，土官之名也。死以爲社而祭之，故曰『后土，社。』句龍爲后土，後轉爲社。故世人謂社爲后土，無可怪也。」據此，則鄭意以社爲后土，句龍亦爲后土。王肅難鄭云：「月令『命民社』，鄭注云：『社，后土也。』孝經注云：『社，后土也。句龍爲后土。』鄭記云：『社，后土，則句龍也。』是鄭自相違反。」不知鄭義並非違反。王肅所疑者，鄭答田瓊已自釋之。此經鄭注稷義不傳，據駁異義之説補之。鄭君亦從今孝經援神契説。御覽引援神契曰：「社者，五土之總神。稷者，原隰之神。五穀稷爲長，五穀不可遍敬，故立稷以表名也。」白虎通社稷篇曰：「人非土不生，非穀不食，土地廣博，不可遍敬也。五穀衆多，不可一一祭也，故封土爲社，示有土也。稷五穀之長，故立稷而祭之也。」下引此經。白虎通亦本今孝經說也。郊特牲疏引異義云：「今孝經說：稷者，五穀之長。穀衆多，不可遍敬，故立稷而祭之。古左氏說：列山氏之子曰柱，死後祀以爲稷。稷是田正，周棄亦爲稷，自商以來祀之。謹案：『禮，緣生及死，故社稷人事之。既祭稷穀，不得但以稷米祭，稷反自食。從左氏義。』鄭駁之云：『宗伯以血祭祭社稷、五祀、五岳，若是句龍、柱、棄，不得先五岳而食。詩信南山云：『畇畇原隰。』又云：『黍稷彧彧。』原隰生百穀，稷爲之長。則稷者，原隰之神。若達此義，不得以稷米自祭爲難。」鄭說社稷，皆本今孝經說，較之古左氏說，實遠勝之。后之祀社稷者，當宗今孝經說，鄭義爲定論。邢疏引皇侃，以爲稷五穀之長，亦爲土神。據此，稷亦社之類也。又引左傳之文，言句龍、柱、棄，配社稷而祭之，即句龍、柱、棄，非社稷也，與鄭義合。應劭風俗通用異義之說云：「祭稷穀，不得稷米，稷反自食也。而邾文公用繒子於次睢之社，司馬子魚諫曰：『古者，六畜不相爲用，祭祀以爲人也。民人，神之主也，用人，其誰享之？』詩云：『吉日庚午，既伯既禱。』豈復殺馬以祭馬乎？孝經之說，於斯悖矣。米之神爲稷，故以癸未日祠稷於西南，水勝火爲金相也。」應氏以稷爲米神，較以柱、棄爲稷者似近理，而引次睢之事，儗不於倫，反據以駁孝經之說，妄矣。郊特牲疏引爲鄭學者，通王肅之難。續漢書祭祀志注列仲長統答鄧義之難，皆足以扶鄭義，文多不載。王肅難鄭，明引鄭孝經注，劉知幾乃云注出鄭氏而肅無言，失之不考。

而和其民人，【注】薄賦斂，省傜役，是以民人和也。治要。蓋諸侯之孝也。【注】列土分疆，謂之諸侯。周禮大宗伯疏。

疏曰：鄭注云：「薄賦斂」者，賦與斂有别。周禮大宰鄭注云：「賦，謂口率出泉也。」又云：「賦，謂僱更之錢也。」大司馬注云：「賦，給軍用者也。」大司徒注云：「賦，謂九賦及軍賦。」小司徒注云：「賦，謂出軍徒，給傜役也。」是鄭意以賦屬軍賦，此注下有傜役，不必兼傜役言，但據軍用所出，言之可也。説文、廣雅皆曰：「斂，收也。」是斂屬土地所收斂，孟子所謂「布縷之征，粟米之征」是也。

云「省傜役」者，傜役，即孟子所謂「力役之征」是也。孟子曰：「君子用其一，緩其二。」此薄省之義。古者税用什一，用民之力，歲不過三日。鄭解此經，爲敬上愛下，奉天子法度，不奢泰，故以「薄賦斂，省傜役」爲言。

云「列土封疆，謂之諸侯」者，漢書谷永傳曰：「方制海内，非爲天子；列土封疆，非爲諸侯，皆以爲民也。」白虎通封公侯篇曰：「列土爲疆，非爲諸侯；張官設府，非爲卿大夫。皆爲民也。」潛夫論三式篇曰：「封疆立國，不爲諸侯；張官設府，不爲卿大夫。必有功於民，乃得保位。」蓋古有此語，漢人常依用之。呂氏春秋察微篇引孝經曰「高而不危」至「和其民人」。白虎通引「保其社稷而和其民人，蓋諸侯之孝也」。

詩云：「戰戰兢兢，如臨深淵，如履薄冰。」【注】戰戰，恐懼。兢兢，戒慎。如臨深淵，恐墜；如履薄冰，恐陷。治要。義取爲君恆須戒懼。明皇注「戰戰」至「戒懼」。正義云：「此依鄭注也。」

疏曰：邢疏曰：「毛詩傳云：『戰戰，恐也；兢兢，戒也。』此注『恐』下加『懼』，『戒』下加『慎』，足以圓文也。云『臨深恐墜，履薄恐陷』者，亦毛詩傳文也。恐墜，謂如入深淵，不可復出；恐陷，如沒在冰下，不可拯濟也。云『義取爲君恒須戒懼』者，引詩大意如此。」案：論語曾子有疾，召門弟子，引此詩。曾子蓋終身守孝經之戒。朱注全用鄭注，但避宋諱，易「慎」爲「謹」耳。

卿大夫章第四

非先王之法服不敢服，【注】法服，謂先王制五服。天子服日月星辰，諸侯服山龍華蟲，卿大夫服藻火，士服粉米，皆謂文繡也。釋文，周禮小宗伯疏，北堂書鈔原本八十六法則、一百二十八法服，文選陸士龍大將軍讌會詩注。嚴可均曰：「按鄭注禮器云：『天子服日月以至黼黻，諸侯自山龍以下。』今此不至黼黻，闕文也。釋文出『服藻火服粉米』六字，服粉連文，是注作『卿大夫服藻火，士服粉米』明甚。若馬融書説，則卿大夫服藻火粉米，士服藻火。漢儒於五服五章，各自爲説，未可畫一也。」田獵，戰伐，卜筮，冠皮弁，衣素積，百王同之，不改易也。詩六月正義，儀禮士冠記疏，少牢饋食禮疏。

疏曰：鄭注云「法服，謂先王制五服」云云者，據今尚書歐陽説也。續漢書輿服志曰：「孝明皇帝永平二年，初詔有司采周官、禮記、尚書皋陶篇，乘輿從歐陽氏説，公卿以下，從大小夏侯氏説。」又曰：「乘輿備文，日月星辰十二章；三公、諸侯，用山龍九章；九卿以下，用華蟲七章，皆備五采。」後漢書明帝紀「永平二年」注引董巴輿服志略同。蓋歐陽説天子有日月星辰共十二章，夏侯説天子無日月星辰，亦止九章。

王仲任習歐陽尚書，論衡量知篇曰：「黼黻，華蟲，山龍，日月。」語增篇曰：「服五采之服，畫日月星辰」，此歐陽說天子服日月星辰之明證。鄭君兼采二說，分別其義，謂虞有日月星辰十二章，魯亦有十二章，用歐陽說；謂周止有九章，用夏侯說。故注王制曰：「虞夏之制，天子服有日月星辰。」又注「有虞氏皇而祭」曰：「有虞氏十二章，周九章，夏、殷未聞。」又注郊特牲「王被袞以象天」曰：「謂有日月星辰之章，此魯禮也。」又注周禮司服曰：「此古天子冕服十二章。王者相變，至周而以日月星辰畫於旌旗，而冕服九章。」鄭意欲從歐陽、夏侯，兩不背其說，故分虞與周魯以當之，猶明帝兼采歐陽、夏侯之意。此注與禮器注意不分析，概以爲天子服十二章，專用歐陽說也。嚴可均後序不知鄭說所出，乃謂「鄭推儀禮九章，合日月星辰十二章」，又謂「試問天子服日月星辰，非鄭誰爲此語者」，似並論衡、後漢書、續漢志皆未之見，疏失甚矣。

　云「田獵，戰伐，卜筮，冠皮弁，衣素積，百王同之，不改易也」者，詩疏引孝經援神契曰：「皮弁素幘，軍旅也。」白虎通三軍篇曰：「王者征伐，所以必皮弁素幘何？伐者，凶事，素服示有悽愴也。伐者質，故衣古服。禮曰：『三王共皮弁素幘。』服亦皮弁素幘，又招虞人亦皮弁，知伐亦皮弁。」據此，則今文家說以爲田獵、戰伐用皮弁素幘，招虞人即田獵之事。天子視朝，諸侯視朔，皆皮弁，卜筮或亦用之。鄭學宏通，注孝經即用援神契說，故與他經之注以爲戎服用韎韋衣裳者不同。援神契、白虎通皆作「素幘」，此注作「素積」者，禮作「素積」，鄭注云：「積，猶辟也。以素爲裳，辟蹙其要中。」是不當爲「巾幘」之「幘」，故於此注別白之曰「衣素積」。然則援神契、白虎通蓋假「幘」爲「積」也。士冠記曰：「三王共皮弁素積。」鄭注云：「質不變。」郊特牲曰：「三王共皮弁素積。」鄭注云：「所不易於先代。」此注「百王同之，不改易」，正與禮注義同。「百王同之」，專承「皮弁素積」而言。說苑云：「皮弁素積，百王不易。」嚴可均誤以爲並指服章，乃以此注與禮器注爲鄭初定之説，謂四代皆然，由於誤讀注文，乃並所推鄭意，皆失之矣。

非先王之法言不敢道，【注】不合詩、書，不敢道。治要。非先王之德行不敢行。【注】禮以檢奢，釋文嚴可均曰：「按：此下當有『樂以』云云，闕。」不合禮樂則不敢行。治要。是故非法不言，【注】非詩、書則不言。治要。非道不行，【注】非禮樂則不行。治要。

疏曰：鄭注以不合詩、書爲非先王法言，不合禮樂爲非先王德行者，禮記文王世子曰：「順先王詩、書、禮、樂以造士，春秋教以禮、樂，冬夏教以詩、書。」〔一〕是詩、書、禮、樂皆先王所遺，法言、德行，即在其內。曲禮曰：「毋勦說，毋雷同，必則古昔稱先王。」古昔先王之訓，在於詩、書，故「子所雅言，詩、書、執禮」。孝經諸章，引詩、書以明義，即是其證。玉藻曰：「趨以采薺，行以肆夏。周旋中規，折旋中矩。」是古人之行，必合禮樂。澤宮選士，其容體比於禮，其節比於樂者，得與於祭，故鄭以詩、書、禮、樂解法言、

〔一〕按：此處應出自禮記王制。

德行也。繁露爲人者天篇引「非法不言，非道不行」。

口無擇言，身無擇行，言滿天下無口過，行滿天下無怨惡。三者備矣，【注】法先王服，言先王道，行先王德，則爲備矣。治要。

疏曰：阮福義疏曰：「二『擇』字當讀爲『厭斁』之『斁』，『厭斁』即詩所云『在彼無惡，在此無斁，庶幾夙夜，以永終譽』也。詩思齊：『古之人無斁，譽髦斯士。』鄭氏箋引孝經『口無擇言，身無擇行』以明之。釋文：『鄭作「擇」。』此乃鄭讀孝經之『擇』爲『斁』，而漢時毛詩本有作『擇』者，故孔疏曰：『箋不言字誤也。』」錫瑞案：鄭注不傳。明皇注以「擇」爲選擇，失之。阮氏讀「擇」爲「厭斁」之「斁」，亦未是也。「擇」當讀爲「斁敗」之「斁」。洪範「彝倫攸斁」，鄭注訓「斁」爲「敗」。説文：「斁，敗也。」引商書曰：「彝倫攸斁。」斁、擇，古同音。甫刑：「敬忌，罔有擇言在身。」蔡邕司空楊公碑曰：「用罔有擇言失行，在於其躬。」擇言與失行並言，此「擇」訓「敗」之證。太玄玄挩曰：「言正則無擇，行正〔一〕則無爽，水順則無敗。」法言吾子篇曰：「君子言也無擇，聽也無淫。擇則亂，淫則辟。」擇與爽、敗、淫之義近。據鄭

〔一〕「正」，太玄原文作「中」。

君箋詩，以「擇」爲「斁」，引此經文，鄭必解此經二「擇」字爲「斁敗」之「斁」矣。經但云言、行，注以三者爲服、言、行者，皇侃云：「初陳教本，故舉三事。服在身外可見，不假多戒，言行出於内府難明，故須備言。最於後結，宜用總言，謂人相見，先觀容飾，次交言辭，後謂德行，故言三者以服爲先，德行爲後也。」案：孟子曰：「子服堯之服，誦堯之言，行堯之行，是堯而已矣。」鄭云「法先王服，言先王道，行先王德」，即孟子之意。援神契曰：「卿大夫行孝曰譽。蓋以聲譽爲義，謂言行布滿天下，能無怨惡，遐邇稱譽，是榮親也。」

然後能守其宗廟，【注】宗，尊也。廟，貌也。親雖亡没，事之若生，爲作正義作「立」，今從釋文。宗廟，案：釋文作「宫室」。四時祭之，見鬼神之容貌。詩清廟正義。蓋卿大夫之孝也。【注】張官設府，謂之卿大夫。禮記曲禮上正義。

疏曰：鄭注云：「宗，尊也，廟，貌也」者，書舜典「禋于六宗」，又「汝作秩宗」，又「江漢朝宗于海」傳，詩鳧鷖「公尸來燕來宗」，又雲漢「靡神不宗」傳，又公劉「君之宗之」箋，周禮目録，又大宗伯「夏見曰宗」注，儀禮士昏禮記「宗爾父母之言」注，禮記檀弓「天下其孰能宗予」注，釋名釋宫室，皆曰：

「宗，尊也。」説文：「宗，尊祖廟也。」「廟，尊祖貌也。〔一〕」詩清廟序箋：「廟之言貌也。死者精神不可得而見，但以生時之居立宮室，象貌爲之耳。」祭法「王立七廟」注：「廟之言貌也。宗廟，先祖之尊貌也。」公羊桓二年傳注：「廟之爲言貌也。思想儀貌而事之。」釋名釋宮室：「廟，貌也。先祖形貌所在也。」廣雅釋言：「廟，貌也。」宗、尊、廟、貌，皆取聲同爲訓。

云「親雖亡沒，事之若生，爲立宗廟」者，白虎通宗廟篇曰：「王者所以立宗廟何？曰生死殊路，故敬鬼神而遠之。緣生以事死，敬亡若事存，故欲立宗廟而祭之。此孝子之心，所以追養繼孝也。宗者，尊也；廟者，貌也。象先祖之尊貌也。所以有室何？所以象生之居也。」按：據此，釋文作「宮室」，不誤。御覽引王嬰古今通論曰：「周曰宗廟，尊其生存之貌，亦不死之也。」

云「四時祭之，若見鬼神之容貌」者，詩天保：「禴祠烝嘗。」周禮大宗伯：「以祠春享先王，以禴夏享先王，以嘗秋享先王，以烝冬享先王。」王制：「春曰禴，夏曰禘，秋曰嘗，冬曰烝」，又「庶人春薦韭，夏薦麥，秋薦黍，冬薦稻」。案：諸經説祠、禴、禘不同，鄭君禘祫志曰：「王制記先王之法度，春曰禴，夏曰禘。周公制禮，又改夏曰禴，禘又爲大祭。」祭義注云：「周以禘爲殷祭，更名春曰祠」是也。據王制，天子至庶人，皆有四時祭，則卿大夫有四時祭可知。玉藻曰：「凡祭，容貌顏色，如見所祭者。」祭義曰：「齊三

〔一〕此處説文作「尊先祖貌也」。

日，如〔二〕見其所爲齊者。祭之日入室，僾然必有見乎其位；周還出戶，肅然必有聞乎其容聲；出戶而聽，愾然必有聞乎其歎息之聲。」此若見鬼神容貌之義也。

云「張官設府，謂之卿大夫」者，見前諸侯章疏。

詩云：「夙夜匪懈，以事一人。」【注】夙，早也。夜，莫也。治要。匪，非也。懈，惰也。華嚴音義二十。一人，天子也。卿大夫當早起夜卧，以事天子，勿懈惰。治要。

疏曰：鄭注云：「夙，早也；夜，莫也」者，詩烝民「夙夜匪解」箋同。詩行露「豈不夙夜」，小星「夙夜在公」，定之方中「星言夙駕」，陟岵「夙夜無已」，閔予小子「夙夜敬止」，有駜「夙夜在公」箋，儀禮士冠禮、士昏禮、特牲饋食禮「夙興」注，皆曰：「夙，早也。」陟岵「夙夜無已」箋云：「夜，莫也。」亦同。

云「匪，非也；懈，惰也」者，詩烝民箋，及氓「匪來貿絲」，出其東門「匪我思存」，株林「匪適株林」，杕杜「匪載匪來」，六月「玁狁匪茹」，小旻「如匪行邁謀」，江漢「匪安匪遊」，載芟「匪且有且，匪今

〔二〕「如」，祭義原文作「乃」。

斯今」箋，皆云：「匪，非也。」淮南修務訓「爲民興利除害而不懈」注：「懈，惰也。」與此同。

云「一人，天子也」者，見前天子章疏。

云「卿大夫當早起夜卧」者，國語魯語曰：「卿大夫朝考其職，晝講其國〔二〕政，夕序其業，夜庀其家事，而後即安。」

〔二〕「國」，魯語原文作「庶」。

士章第五

資於事父以事母而愛同，【注】資者，人之行也。釋文，公羊定四年疏。事父與母，愛同敬不同也。治要。資於事父以事君而敬同。【注】事父與君，敬同愛不同。治要。

疏曰：鄭注云：「資者，人之行也」者，公羊定四年傳「事君猶事父也」，何氏解詁曰：「孝經曰『資於事父以事君而敬同』，本取事父之敬以事君。」疏云：「鄭氏孝經注曰：『資者，人之行也』，注四制云：『資，猶操也』。然則言『人之行』者，謂人操行也。」案：喪服四制疏曰：「言操持事父之道以事於君，則敬君之禮與父同。」又曰：「操持事父之道以事於母，而恩愛同。」與公羊疏義合。鄭注考工記、喪服傳、明堂位、表記、書大傳，皆云：「資，取也。」此不同何氏訓「取」者，鄭意蓋以經之下文乃言「母取其愛，君取其敬」，此不當先以「取」言也。

云「事父與母，愛同敬不同也」者，即表記「母親而不尊，父尊而不親」之義。

云「事父與君，敬同愛不同」者，喪服傳曰：「父，至尊也」，又曰：「君，至尊也」，是敬同之證。通典引異義：「鄭玄按孝經『資於事父以事君』，言能爲人子，乃能爲人臣也。」案：喪服四制已引此經二語，禮記出於七十子之後，則孝經又在其先矣。漢書韓延壽傳引「資於事父以事君而敬同」，風俗通封祈下引「資於父母以事君」。

故母取其愛，君取其敬，兼之者父也。【注】兼，并也。愛與母同，敬與君同，并此二者，事父之道也。治要。

疏曰：鄭注云：「兼，并也」者，儀禮士冠禮「兼執之」，大射儀「兼諸跗」注，左氏昭八年傳「欲兼我也」注，說文，廣雅釋言，華嚴音義上引文字集略，皆曰：「兼，并也。」

云「愛與母同，敬與君同」者，劉瓛曰：「父情天屬，尊無所屈，故愛敬雙極也。」

故以孝事君則忠，【注】移事父孝以事於君，則爲忠矣。治要「矣」作「也」，依明皇注改。正義云：「此依鄭注也。」

以敬事長則順，【注】移事兄敬以事於長，則爲順矣。治要。

疏曰：鄭注云：「移事父孝以事於君」者，邢疏曰：「揚名章云『君子之事親孝，故忠可移於君』是也。」嚴植之曰：舊説云：『入仕本欲安親，非貪榮貴也。若用安親之心，則爲忠也。若用貪榮之心，則非忠也。』『上云君父敬同，則忠孝不得有異。』言以至孝之心事君，必忠也。」

云「移事兄敬以事於長」者，邢疏曰：「下章云：『事兄悌，故順可移於長。』注不言『悌』而言『敬』者，順經文也。左傳曰：『兄愛弟敬。』又曰：『弟順而敬。』則知悌之與敬，其義同焉。尚書曰『邦伯師長』，公卿也。則知大夫以上，皆是士之長。」案：曾子立孝篇曰：「是故未有君而忠臣可知者，孝子之謂也。未有長而順下可知者，弟弟之謂也。」盧注引孝經曰：「以孝事君則忠，以敬事長則順。」吕氏春秋孝行覽高誘注引「以孝事君則忠」。

忠順不失，以事其上，【注】事君能忠，事長能順，二者不失，可以事上也。治要。然後能保其禄位，【注】食稟爲禄。釋文。

疏曰：鄭注云：「事君能忠，事長能順」者，承上文言。邢疏曰：「事上之道，在於忠順，二者皆能不失，則可事上矣。『上』謂君與長也。」

云「食稟爲禄」者，孟子曰：「上士倍中士，中士倍下士，下士與庶人在官者同禄，禄足以代其耕也。」

王制與孟子同，此士食祿之證。周官司祿闕不可考。鄭注孝經用今文説，當據孟子、王制解之。

而守其祭祀，【注】始爲日祭。釋文，嚴可均曰：「案：初學記十三引五經異義曰：『謹案：叔孫通「宗廟有日祭之禮」，知古而然也。』藝文類聚三十八同。」蓋士之孝也。【注】別是非。釋文，語未竟。嚴可均曰：「白虎通爵篇引傳曰：『通古今，辨然不，謂之士。』『別是非』，即『辨然不』也。」

疏曰：鄭注云：「始爲日祭」者，國語周語曰：「甸服者祭，侯服者祀，賓服者享，要服者貢，荒服者王。日祭，月祀，時享，歲貢，終王。」楚語曰：「先王日祭，月享，時類，歲祀。諸侯舍日，卿大夫舍月，士、庶人舍時。」漢書韋元成傳曰：「日祭於寢，月祭於廟，時祭於便殿。寢，日四上食。」又曰：「劉歆以爲禮去事有殺，故春秋外傳曰：『日祭，月祀，時享，歲貢，終王。』祖禰則日祭，曾高則月祀，二祧則時享，壇墠則歲貢，大禘則終王。」御覽引異義：「古春秋左氏説：古者先王日祭於祖考，月薦於曾高，時享及二祧，歲禱於壇墠，終禘及郊宗石室。許君謹案：叔孫通宗廟有日祭之禮，知古而然也。」韋昭注周語曰：「日祭，祭於祖考，謂上食也。近漢亦然。」祭法疏曰：「此經祖、禰月祭，楚語云『日祭祖禰』，非鄭義，故異義駁。」今鄭駁之文不可考。竊意鄭君蓋謂楚語稱「古者先王」，乃夏、殷禮。祭法鄭答趙商，以爲周禮，故與夏、殷之禮不同。然日祭之禮，古經傳皆無之，惟見於國語一書。異義引左氏説，亦即國語文也。儀禮既夕記曰：「燕養、饋、羞、湯沐之饌，如他日。」鄭注：「燕養，平時所用供養也。饋，朝夕食也。羞，四時之珍異。湯沐，所以洗去汙垢。孝子不忍一日廢其事親之禮。於下室日設之，如生存也。」檀弓曰：「虞而立尸，有几筵，卒哭而諱。生事畢而鬼事始已。」據此，則古禮惟新死有日祭，乃孝子不忍遽死其親之意，猶以人道事之。至以虞易奠，始以鬼神事之，而下室遂無事。漢之寢，日上食，乃以人道事神，不應禮制，故匡衡奏可亡修。朱子云：「國語有『日祭』之文，是主復寢，猶日上食。」朱子以爲「日祭」即下室之饋食，饋食不得謂之祭。且此是喪禮，自天子達於庶人，亦與國語「諸侯舍日」之文不合。此章言士之孝，不當以天子之禮解之。祭法疏云楚語「日祭」非鄭義，鄭君何故復引以注孝經？釋文引鄭注云：「『始爲曰祭』，一作『始曰爲祭』。」皆不可通。嚴氏據善本作「日祭」，似可通矣。而下文闕，不知鄭意如何。玩「始爲」二字，或鄭所謂「日祭」亦即指始死饋食而言，而非國語所謂「日祭」乎？注云「別是非」，文不完，嚴氏所推近之。繁露服制篇，說苑修文篇，皆有「通古今，辨然否」之文。曲禮曰：「夫禮者，所以定親疏，决嫌疑，別同異，明是非也。」別是非，即別同異，明是非。援神契曰：「士行孝曰究，以明審爲義。當須明審資親事君之道，是能榮親也。」士貴明審，故鄭云「別是非」。

詩云：「夙興夜寐，無忝尒所生。」【注】忝，辱也。所生，謂父母。士爲孝，當早起夜卧，無辱其父母也。治要。

疏曰：鄭注云：「忝，辱也」者，本爾雅釋言。詩小宛傳云：「忝，辱也。」疏曰：「故當早起夜卧行之，無辱汝所生之父母〔一〕已。」

云「所生，謂父母」者，邢疏曰：「下章云『父母生之』是也。」

云「士爲孝，當早起夜卧」者，國語魯語曰：「士朝而受業，晝而講貫，夕而習復，夜而計過，無憾而後即安。」曾子立孝篇曰：「『夙興夜寐，無忝爾所生』，言不自舍也。」

〔一〕「母」，毛詩正義原文作「祖」。

庶人章第六

子曰：「因治要，嚴可均曰：「按余蕭客所見影宋蜀大字本，亦有『子曰』，亦作『因』。」天之道，【注】春生，夏長，秋收，冬藏，順四時以奉事天道。治要。分地之利，【注】分別五土，視其高下，若高田宜黍稷，下田宜稻麥，邱陵阪險宜種棗栗。治要，正義，初學記五，御覽三十六，唐會要七十七。嚴可均曰：「按：釋文『宜棗棘』云一本作『宜種棗棘』，蓋鄭注元是『棘』字，小尒疋『棘實謂之棗』，可以互證。諸引作『棗栗』，所據本異也。」此分地之利。治要。

疏曰：鄭注云：「春生，夏長，秋收，冬藏」者，齊民要術耕田篇引魏文侯曰：「民春以力耕，夏以鋤耘，秋以收斂。」朱彝尊經義考謂是此經之傳，鄭蓋本魏文侯傳也。邢疏曰：「爾雅釋天云：『春爲發生，夏爲長毓，秋爲收斂，冬爲安寧。』安寧即閉藏之義也。」

云「順四時以奉事天道」者，邢疏曰：「順四時之氣，春生則耕種，夏長則芸苗，秋收則穫割，冬藏則入廩也。」

云「分別五土，視其高下，若高田宜黍稷，下田宜稻麥，邱陵阪險宜種棗栗」者，邢疏曰：「周禮大司徒云：『五土：一曰山林、二曰川澤、三曰邱陵、四曰墳衍、五曰原隰。』謂庶人須能分別，視此五土之高下，隨所宜而播種之，則職方氏所謂青州其穀宜稻麥、雍州其穀宜黍稷是也。」錫瑞案：援神契曰：「汚泉宜稻。」漢書溝洫志曰：「賈讓奏言：若有渠溉，則鹽鹵下濕，填淤加肥；故種禾麥，更爲秔稻，高田五倍，下田三倍。」叙傳曰：「坤作墬勢，高下九則。」劉德曰：「九則，九州土田，上中下九等也。」書禹貢疏引鄭注曰：「田著高下之等，當爲水害備也。」此云「視其高下」，亦「當爲水害備」之義。史記貨殖列傳曰：「安邑千樹棗，燕、秦千樹栗。」此宜棗栗之地也。棗栗，一作棗棘者，棗、棘二物同類異名，棘亦棗也。詩「園有棘」，孟子「養其樲棘」，皆棗之類。

謹身節用，以養父母，【注】行不爲非，爲謹身。富不奢泰，爲節用。度財爲費，治要。什一而出，釋文。父母不乏也。治要。**此庶人之孝也。**【注】無所復謙。釋文。

疏曰：鄭注云：「行不爲非，爲謹身」者，鄭注士章，以「別是非」爲士。孟子曰：「是非之心，人皆有之。」「殺一無罪，非仁也。非其有而取之，非義也。」庶人雖異於士，亦當知之而不爲矣。

云「富不奢泰，爲節用」者，鄭注諸侯章云：「雖有一國之財而不奢泰，故能長守富。」庶人雖不及諸侯之富，曲禮「問庶人之富，數畜以對」，是庶人亦有富者，亦當不奢泰矣。

云「度財爲費，什一而出，父母不乏也」者，邢疏曰：「謂常省節財用，公家賦稅充足，而私養父母不闕乏也。孟子稱：『周人百畝而徹，其實皆什一也。』劉熙注云：『家耕百畝，徹取十畝以爲賦也』，又云『公事畢，然後敢治私事』是也。」

云「無所復謙」者，鄭注天子章云：「蓋者，謙辭。」則諸侯、卿大夫、士章言「蓋」者，均屬謙辭。庶人章言「此」不言「蓋」，故云「無所復謙」。援神契曰：「庶人行孝曰畜，以畜養爲義。言能躬耕力農，以畜其德而養其親也。」

故自天子至於庶人，孝無終始，而患不及己者，嚴可均曰：「明皇本無『己』字，蓋臆删耳。按：鄭注『患難不及其身』，身即己也。正義引劉瓛云：『而患行孝不及己者』，又云『何患不及己者哉』，則經文元有『己』字。」未之有也。」

【注】總説五孝，上從天子，下至庶人，皆當孝無終始。能行孝道，故患難不及其身也。治要無「也」字，依釋文加。正義引劉瓛云：「鄭、王諸家皆以爲患及身。」又云：「蒼頡篇謂患爲禍，孔、鄭、韋、王之學引之以釋此經。」未之有者，言未之有也。治要嚴可均曰：「按釋文『言』字作『善』，一本作『難』。正義引謝萬云：『能行如此之善，曾子所以稱難，故鄭注云：「善

未有也。」』今按：難、善，二本皆誤。其致誤之由，以鄭注有『皆當孝無終始』之語，而下章復有此語，實則兩『無』字並宜作『有』。何以明之？經云『孝無終始』者，承上章『始於事親，終於立身』，故此言人之行孝，倘不能有始有終，未有禍患不及其身者也。晉時傳寫承誤，謝萬、劉瓛雖曲爲之説，於義未安。今擬改鄭注云『皆當孝有終始』，即經旨明白矣。末句尚有差誤，不敢臆定。」

疏曰：嚴氏之説是也。邢疏引諸家申鄭、難鄭往復之詞，曰：「鄭曰：『諸家皆以爲患及身，今注以爲自患不及，將有説乎？』答曰：『經傳稱患，皆是憂患之辭。故皇侃曰：「無始有終，謂改悟之善，惡禍何必及之？」則無始之言，已成空設也。禮祭義：「曾子説孝曰：『衆之本教曰孝，其行曰養。養可能也，敬爲難；敬可能也，安爲難；安可能也，卒爲難。父母既沒，慎行其身，不遺父母惡名，可謂能終矣。』」夫以曾參行孝，親承聖人之意，至於能終孝道，尚以爲難，則寡能無識，固非所企也。今爲行孝不終，禍患必及。此人偏執，詎謂經通？』鄭曰：『書云：「天道福善禍淫」，又曰：「惠迪吉，從逆凶，惟影響」，斯則必有災禍，何得稱無也？』答曰：『來問指淫凶悖慝之倫，經言戒不終善美之輩。論語曰：「今之孝者，是謂能養。」曾子曰：「參，直養者也，安能爲孝乎？」又此章云：「以養父母，此庶人之孝也。」儻有能養而不能終，只可未爲具美，無宜即同淫慝也。古今凡庸，詎識學道？但使能養，安知始終？若今皆及於災，便是比屋可貽禍矣。』」錫瑞案：疏兩引「鄭曰」，非即鄭君之注，是後儒申鄭之説。阮福云：「疏内兩『鄭曰』皆有誤。當云『主鄭者曰』，乃唐人問難之辭。」其説是也。此經明云「自天子至於庶人」，鄭注明云「總説五孝，上從天子，下至庶人」，難鄭者乃專指庶人爲言，顯與經注相悖。云「寡能無識」，云「凡庸詎識學道」，專言庶人尚可，而此經包天子、諸侯、卿大夫、士在内，豈天子、諸侯、卿大夫、士亦得以「寡能」、「凡庸」自解乎？首章明云：「孝之始也」，「孝之終也」，此章所謂終始，即指「不敢毁傷」，「立身揚名」而言。自天子至庶人，皆當勉此孝道。難鄭者乃謂有始不必有終，無終不必及禍，是不止背鄭，直背經矣。若專執庶人爲言，疑庶人不能揚名顯親，則與劉炫駁鄭「人君無終」之言同一拘泥。古書多通論其理，豈得如此泥看，妄生駁難哉？阮福義疏引曾子曰：「君子患難除之。」又曰：「禍之所由生，自孅孅也。是故君子夙絕之。」又曰：「天子日旦思其四海之内，戰戰惟恐不能乂也。諸侯日旦思其四封之内，戰戰惟恐失損之也。大夫、士日旦思其官，戰戰惟恐不能勝也。庶人日旦思其事，戰戰惟恐刑罰之至也。是故臨事而栗者，鮮不濟矣。」云此皆是患禍及之之義，亦即是天子至庶人，皆恐患禍及身之義，證據甚塙。案：曾子大孝：「故居處不莊，非孝也；事君不忠，非孝也；莅官不敬，非孝也；朋友不信，非孝也；戰陳無勇，非孝也。五者不遂，災及於身，敢不敬乎？」災及於身，即患及己，亦可與此經相發明。注「言未之有也」，「言」字下蓋有脱文。

三才章第七

曾子曰：「甚哉，【注】語喟然。釋文。孝之大也！」【注】上從天子，下至庶人，皆當爲孝無終始，曾子乃知孝之爲大。治要。

疏曰：鄭注承上而言。邢疏云：「夫子述上從天子、下至庶人五等之孝，後總以結之，語勢將畢，欲以更明孝道之大，無以發端，特假曾子歎孝之大，更以彌大之義告之也。」案：邢疏以「甚哉」爲歎辭，以「孝之大」爲承上文天子至庶人而言，與鄭意同。云「無以發端，特假曾子」，乃本劉炫假曾子立問之意，與鄭意異。鄭云「曾子乃知孝之爲大」，則不必謂假曾子之歎矣。「孝無終始」，當從嚴氏改爲「孝有終始」。

子曰：「夫孝，天之經也，【注】春夏秋冬，物有死生，天之經也。治要。地之義也，【注】山川高下，水泉流通，地之義也。治要。民之行也。【注】孝悌恭敬，民之行也。治要。

疏曰：鄭注以「春夏秋冬，物有死生」爲「天之經」者，鄭注庶人章云：「春生，夏長，秋收，冬藏。」春生，夏長，物所以生；秋收，冬藏，物所以死。物有死生，承四時而言也。

以「山川高下，水泉流通」爲「地之義」者，鄭注庶人章云：「分别五土，視其高下。」凡地，近山者多高，近川者多下也。云「川」，又云「水泉」者，考工記：「匠人爲溝洫。廣尺深尺謂之甽，廣二尺深二尺謂之遂，廣四尺深四尺謂之溝，廣八尺深八尺謂之洫，廣二尋深二仞謂之澮，專達於川。凡天下之地埶，兩山之間，必有川焉。大川之上，必有涂焉。」是川爲大川，水泉流通，即甽、遂、溝、洫、澮之水，行於兩山大川之間者也。

云「孝悌恭敬，民之行也」者，鄭解此經，「天經」、「地義」，皆泛説不屬孝言，故以「孝悌恭敬」爲「民之行」，亦不專言孝。蓋以下文「天地之經而民是則之」，當屬泛説，此經與下緊相承接，亦當泛説。若必屬孝，則與下文窒礙難通。此鄭君解經之精也。

天地之經而民是則之，【注】天有四時，地有高下，民居其間，當是而則之。治要。則天之明，【注】則，視也。視天四時，無失其早晚也。治要。因地之利，【注】因地高下，所宜何等。治要。

疏曰：鄭云：「天有四時，地有高下」，緊承上文之注。故知上文必用泛説，乃與此文相承也。云「民居其間，當是而則之」者，爾雅釋言：「是，則也。」據雅義，「是」與「則」義同，不當重出。釋名釋言語：「是，嗜也，人嗜樂之也。」鄭分「是」與「則」爲二義，亦當以「是」爲「嗜樂」之意矣。左氏傳作「而民實則之」，鄭箋詩云：「趙、魏之東，『寔』、『實』同聲」。「是」即古「寔」字，見秦誓疏及詛楚文。然則「是」、「實」可通，左傳疏解爲「人民實法則之」，鄭分「是」、「則」爲二，不當如孔疏所云也。鄭以則天明爲「視天四時」，因地利爲「因地高下」，皆與庶人章同，蓋鄭以此章所云「民」即上章所云「庶人」也。此經文與左氏傳子大叔論禮略同，宋儒以爲作孝經者襲左傳文。案：繁露五行對篇：「河間獻王謂溫城董君曰：『孝經曰「夫孝，天之經，地之義。」何謂也？』」董子治公羊，非治左氏傳者，獻王得左氏傳，爲立博士，乃引孝經爲問，不引左氏，非孝經襲左氏可知。延篤仁孝論引「夫孝，天之經也」三句。漢書藝文志曰：「夫孝，天之經也，地之義也，民之行也。舉大者言，故曰孝經。」

以順天下，是以其教不肅而成，【注】以，用也。用天四時地利，順治天下，下民皆樂之，是以其教不肅而成也。治要。其政不嚴而治。【注】政不煩苛，故不嚴而治也。治要。

疏曰：鄭注「以，用也」，見首章。「用天四時地利，順治天下」，承上文言。「下民皆樂之」，乃「不肅而成」之由；「政不煩苛」，乃「不嚴而治」之由。教易行，則政不煩。故下文專言教。

先王見教之可以化民也，【注】見因天地教化，民之易也。治要。是故先之以博愛而民莫遺其親，【注】先修人事，流化於民也。治要。陳之以德義而民興行，【注】上好義，則民莫敢不服也。治要。先之以敬讓而民不爭，【注】若文王敬讓於朝，虞、芮推畔於野，釋文作「田」。上行之，則下效法之。治要。道之以禮樂而民和睦，【注】上好禮，則民莫敢不敬。治要。示之以好惡而民知禁。【注】善者賞之，惡者罰之，民知禁，莫敢爲非也。治要。

疏曰：鄭注云：「見因天地教化，民之易」者，明皇注同，避諱改「民」爲「人」。邢疏曰：「言先王見天明地利，有益於人，因之以施化，行之甚易也。」案：經云「教」，即承上文「其教」而言，鄭意亦承上文。繁露爲人者天篇引「先王見教之，可以化民」。白虎通三教篇曰：「教者何謂也？教者，效也。上爲之，下效之，民有質樸，不教不成。故孝經曰：『先王見教之，可以化民。』」皆引此經。宋儒改「教」爲「孝」，非也。云「先修人事，流化於民也」者，明皇用王肅注云：「君愛其親，則人化之，無有遺其親者。」邢疏云：

「即天子章之『愛敬盡於事親，而德義加於百姓』是也。」義與鄭合。

云「上好義，則民莫敢不服」者，用論語文。云「若文王敬讓於朝，虞、芮推畔於野，上行之，則下效法之」者，詩緜：「虞、芮質厥成。」傳曰：「虞、芮之君相與爭田，久而不平，乃相謂曰：『西伯，仁人也，盍往質焉。』乃相與朝周。入其竟，則耕者讓畔，行者讓路。入其邑，男女異路，斑白不提挈。入其朝，士讓爲大夫，大夫讓爲卿。二國之君感而相謂曰：『我等小人，不可以履君子之庭。』乃相讓，以其所爭田爲閒田而退。天下聞之而歸者，四十餘國。」尚書大傳、史記周本紀、說苑君道篇皆載其事。大傳曰：「文王受命一年，斷虞、芮之訟。」鄭注尚書云：「紂聞文王斷虞、芮之訟」，據書傳爲說也。

云「上好禮，則民莫敢不敬」者，亦論語文。云「善者賞之，惡者罰之，民知禁，莫敢爲非也」者，邢疏曰：「案樂記云：『先王之制禮樂也，將以教民平好惡而反人道之正也。』故示有好必賞之，令以引喻之，使其慕而歸善也；示有惡必罰之，禁以懲止之，使其懼而不爲也。」義與鄭合。繁露爲人者天篇引「先之以博愛」。潛夫論斷訟篇引「陳之以德義而民興行，示之以好惡而民知禁」。漢書禮樂志引「導之以禮樂而民和睦」。李翕西狹頌引「先之以博愛」，「陳之以德義」，「示之以好惡」，「不肅而成」，「不嚴而治」。

詩云：「赫赫師尹，民具尒瞻。」【注】師尹，若冢宰之屬也。女當視民。釋文，語未竟。

疏曰：鄭注云：「師尹，若冢宰之屬也」者，詩傳曰：「師，太師也。尹，尹氏。周之三公也。尹，尹氏，爲太師。具，俱。瞻，視。」箋云：「此言尹氏，女居三公之位，天下之民俱視女之所爲。」疏曰：「尚書周官云『太師、太傅、太保，兹惟三公』，故知太師，周之三公也。下云『尹氏太師』，是尹氏爲太師也。孝經注以爲冢宰之屬者，以此刺其專恣，是三公用事者，明兼冢宰以統群職。」案：鄭箋詩云「民俱視女」，此云「女當視民」者，蓋鄭意以爲民俱視女所爲，則女亦當視民，以觀民心之向背也。

孝治章第八

子曰：「昔者明王之以孝治天下也，不敢遺小國之臣，【注】昔，古也。公羊序疏。古者，諸侯歲遣大夫聘問天子無恙，此二字依釋文加。天子待之以禮，此不遺小國之臣者也。治要。

疏曰：鄭注云：「昔，古也」者，詩那：「自古在昔。」魯語：「古曰在昔。」是昔與古同義。堯典序：「昔在帝堯。」釋文：「昔，古也。」

云「古者，諸侯歲遣大夫聘問天子無恙」者，公羊桓元年傳：「諸侯時朝乎天子。」何氏解詁曰：「時朝者，順四時而朝也，緣臣子之心，莫不欲朝朝暮夕。王者與諸侯別治，勢不得自專朝政，故即位比年使大夫小聘，三年使上卿大聘，四年又使大夫小聘，五年一朝。王者亦貴得天下之歡心，以事其先王，因助祭以述其職，故分四方諸侯爲五部，部有四輩，輩主一時。孝經曰『四海之內，各以其職來助祭』，尚書曰『群后四朝』。」疏曰：「注『故即位』至『小聘』。此孝經說文。聘義亦云『天子制諸侯，比年小聘，三年大聘，相厲以禮』

也，是與此合。」案：何君明引孝經，徐疏以解詁所云爲孝經説，是何所引孝經古説與鄭説同。王制曰：「諸侯之於天子也，比年一小聘，三年一大聘，五年一朝。」鄭注：「比年，每歲也。小聘使大夫，大聘使卿，朝則君自行。然此大聘與朝，晉文霸時所制也。虞、夏之制，諸侯歲朝。周之制，侯、甸、男、采、衛、要服六者，各以服數來朝。」疏引鄭駁異義云：「公羊説比年一小聘，三年一大聘，五年一朝，以爲文、襄之制。録王制者，記文、襄之制耳，非虞、夏及殷法也。」疏又云：「按孝經注『諸侯五年一朝天子，天子亦五年一巡守。』孝經之注，多與鄭義乖違，儒者疑非鄭注，今所不取。」錫瑞案：鄭君先治今文，後治古文。注孝經在先，用今文説，與公羊、王制相合，自可信據。注禮在後，惑於古文異説，見左氏昭三年傳，子太叔言文、襄之霸，「令諸侯三歲而聘，五歲而朝」，與公羊、王制説同，故疑其是文、襄之制。又見古尚書説虞、夏之制，諸侯歲朝；古周禮説周之制，侯、甸、男、采、衛、要服六者，各以服數來朝，遂據古文而疑今文，不知古周禮、古尚書説，未可偏據，亦並未言大小聘之歲數。鄭云王制作於赧王之後，其時左氏未出，不得以左氏駁王制。且公羊家何必用左氏義，既用左氏，又何至誤以文、襄之制爲古制乎？公羊、王制言諸侯事天子之法，左氏言諸侯事霸主之法，本不合。即如左氏之説，又安知文、襄創霸，非據諸侯事天子之法爲事霸主法乎？鄭義當以孝經注爲定論，不必從禮記注。鄭注禮箋詩，前後違異甚多，孔疏執禮注疑孝經注，真一孔之見矣。白虎通朝聘篇曰：「所以制朝聘之禮何？以尊君父，重孝道也。夫臣之事君，猶子之事父，欲全臣子之恩，一統尊君，故必朝聘也。聘者，問也。緣臣子欲知其君父無恙，又當奉土地所生珍物以助祭，是以皆得行聘問之禮也。」「諸侯相朝聘何？爲相尊敬也。故諸侯朝聘，天子無恙，法度得無變更，所以考禮、正刑、壹德以尊天子也。」以聘爲問天子無恙，與鄭説同。

云「天子待之以禮，此不遺小國之臣也」者，周禮大行人曰：「凡大國之孤，執皮帛以繼小國之君。出入三積，不問，壹勞。朝位當車前。不交擯，廟中無相。以酒禮之。其他皆眂小國之君。」鄭注：「此以君命來聘者也。」又曰：「凡諸侯之卿，其禮各下其君二等以下，及其大夫、士皆如之。」鄭注：「此亦以君命來聘者也。」掌客：「凡諸侯之卿、大夫、士爲國客，則如其介之禮以待之。」鄭注：「言其聘問，待之禮，如其爲介時也。」此鄭言天子待聘臣之禮也。公羊莊二十五年，陳侯使女叔來聘。解詁曰：「稱字者，敬老也。禮，七十，雖庶人，主孝〔二〕而禮之。孝經曰『昔者明王之以孝治天下也，不敢遺小國之臣』是也。」

而況於公、侯、伯、子、男乎？【注】古者諸侯五年一朝天子，天子使世子郊迎，芻禾百車，以客禮待之。治要。晝坐正殿，夜設庭寮，思與相見，問其勞苦也。御覽一百四十五。當爲王者。釋文，嚴可均曰：「按：此上下闕，疑申説前所云『世子』也。又按釋文：『當爲，于僞反。下皆同。』今此下注『爲』字未見，見闕者尚多。又當有『公者，通也』，闕。」侯者候伺，伯者長，釋文，嚴可均曰：「下當有『子者，字也』，闕。」男者任也。闕釋文。德不倍者，不異其爵；

〔二〕「孝」，春秋公羊傳註疏原文作「字」。

功不倍者，不異其土。故轉相半，別優劣。禮記王制正義。

疏曰：鄭注云：「諸侯五年一朝天子，天子使世子郊迎」者，公羊傳、王制、尚書大傳、白虎通朝聘篇皆云：「五年一朝。」朝聘篇曰：「朝禮奈何？諸侯將至京師，使人通命于天子，天子遣大夫迎之百里之郊，遣世子迎之五十里之郊矣。覲禮經曰：『至于郊，王使人皮弁用璧勞。』尚書大傳曰：『天子太子年十八曰孟侯，於四方諸侯來朝，迎于郊。』」御覽引大傳曰：「于郊者，問其所不知也。問之人民之所好惡，地土所生美珍怪異，山川之所有無。父在時，皆知之。鄭注：『孟，迎也。十八，嚮大學，爲成人博問庶事。』」是鄭注大傳與注孝經義同。賈公彦儀禮疏引書大傳「太子出迎」之文以爲異代之制，又引孝經鄭注「天子使世子郊迎」，「皆異代法，非周制也」。案：康誥「王若曰：孟侯」，依伏生、鄭君之義，以孟侯爲呼成王，則周初猶沿用世子迎侯之制，或周公制禮，始改之耳。

云「芻禾百車，以客禮待之」者，周禮掌客，凡上公之禮，「車禾眂死牢，牢十車，車三秅，芻薪倍禾」；侯伯「禾四十車，芻薪倍禾」；子男「禾三十車，芻薪倍禾」。據周禮五等之爵，禮待不同。侯伯以上，芻禾合計不止百車，此注舉成數而言耳。

云「晝坐正殿，夜設庭尞」者，説文：「堂，殿也。」釋名釋宮室：「殿，典也。有殿鄂也。」是殿以有殿鄂得名。今之殿，即古之堂。初學記謂殿之名起於始皇紀，作「前殿」。葉大慶考古質疑引説苑諸書以證古有殿名，而所引皆漢人之書。案：燕禮鄭注云：「人君爲殿屋。」疏云：「漢時殿屋，四向流水。」鄭注禮據漢制言之，此注蓋亦據漢制言之。詩庭燎箋云：「於庭設大燭。」周禮司烜：「凡邦之大事，共墳燭庭燎。」鄭注：「門內曰庭燎。」禮郊特牲：「庭燎之百，由齊桓公始也。」鄭注：「僭天子也。庭燎之差，公蓋五十，侯、伯、子、男皆三十。」此夜設庭燎之制也。

云「思與相見，問其勞苦也」者，周禮大行人：「上公之禮，三問三勞。諸侯、諸伯之禮，再問再勞。諸子、諸男之禮，壹問壹勞。」鄭注：「問，問不恙也。勞，謂苦倦之也。皆有禮，以幣致之。」此問勞苦之禮也。

云「侯者候伺，伯者長，男者任也」者，周禮職方氏注：「侯，爲王者斥候也。男，任也。」小祝注：「侯之言候也。」藝文類聚引援神契曰：「侯者，候也。所以守蕃也。」公羊疏引元命苞曰：「侯之言候。候逆順，兼伺候王命。」禮疏引元命苞曰：「男者，任功立業。」白虎通爵篇曰：「侯者，候也。候逆順也。男者，任也。」風俗通皇霸篇曰：「伯者，長也，白也，言其咸建五長，功實明白。」獨斷曰：「男者，任也。」古「男」與「任」通，禹貢「二百里男邦」，史記作「任國」是也。注此上當有「公者，通也」，與白虎通爵篇同。嚴說是也。白虎通又曰：「子者，孳也，孳孳無已也。」獨斷曰：「子者，滋也。」禮疏引元命苞曰：「子者，孳恩宣德。」大戴禮本命、釋名釋親屬、廣雅釋言、史記注引張君相老子注，皆云：「子，孳也。」此注下當有「子者，孳也」一句。嚴云「子者，字也」，與疏引舊解同。舊解云：「公者，正也，言正行其事。侯者，候也，言斥候而服事。伯者，長也，爲一國之長也。子者，字也，言字愛於小人也。男者，任也，言任王之職事也。」疏引舊解，不皆鄭注。嚴氏補「公者，通也」，不從舊解，則「子者，孳也」，亦不必從舊解矣。

云「德不倍者，不異其爵；功不倍者，不異其土。故轉相半，別優劣」者，王制疏引援神契云：「『王者之後稱公，大國稱侯，皆千乘，象雷震百里』，是取法於雷也。其七十里者倍減於百里，五十里者倍減於七十里，故孝經」云云，蓋孝經説如此，鄭引孝經説爲注也。以王制開方之法計之，方百里者爲方十里者百，是爲千里。方七十里者，七七四百九十里。方五十里者，五五二百五十里。是方七十里者半於方百里，方五十里者半於方七十里，所謂轉相半，別優劣也。王制疏引元命苞云：「『周爵五等法五精，春秋三等象三光。』説者因此以爲文家爵五等，質家爵三等。若然，夏家文，應五等；虞家質，應三等。按虞書『輯五瑞』，『修五禮五玉』，豈複三等乎？又禮緯含文嘉云：『殷爵三等，殷正尚白，白者兼正中，故三等。夏尚黑，亦從三等。』按孝經夏制，而云公、侯、伯、子、男，是不爲三等也。含文嘉之文，又不可用也。」錫瑞案：孔疏以孝經爲夏制者，疏於上文申鄭義曰：「云『此地，殷所因夏爵三等之制也』者，以夏會諸侯於塗山，執玉帛者萬國。若不百里、七十里、五十里，則不得爲萬國也。故知夏爵三等之制，如此經文不直舉夏時，而云『殷所因』者，若經指夏時，則下當云『萬國』，不得云『凡九州千七百七十三國』，故以爲殷所因夏爵三等之制也。」孔疏以「萬國」是夏制，孝經言「萬國」，故謂「孝經夏制」。考鄭注王制引孝經説曰「周千八百諸侯」，疏云：「此孝經緯文。云『千八百』者，舉成數，其實亦千七百七十三諸侯也。」又鄭駁異義曰：「萬國者，謂唐、虞之制也。武王伐紂，三分有二，八百諸侯，則殷末諸侯千八百也。至周公制禮之後，準王制千七百七十三國，而言『周千八百』者，舉其成數。」孔疏云「舉成數」，用駁異義之文。穀梁隱八年傳注云：「周有千八百諸侯」，疏云：「見孝經説。」漢書地理志云：「周爵五等，而土三等」，「蓋千八百國」。衛宏漢官儀云：「古者諸侯治民，周以上，千八百諸侯是也。」皆與孝經説同。蓋孝經古説以爲周有千八百諸侯，無萬國。孝經言「萬國」者，乃唐、虞、夏之制。以堯典言「協和萬國」，左傳言「禹合諸侯於塗山，執玉帛者萬國」，有明文可據也。鄭注禮，駁異義，皆用其説，孔疏亦本鄭旨。然公、侯、伯、子、男五等之爵，則夏時已有之。孔疏引「五瑞」、「五玉」，據白虎通，是圭、璧、琮、璜、璋；「五禮」，亦可以吉、凶、軍、賓、嘉解之，皆非五等塙證。其可證者，惟禹貢有男邦與諸侯，尚書大傳夏傳云「五嶽視三公，四瀆視諸侯，其餘山川視伯，小者視子男」，據此則夏時實有五等之爵。蓋所謂「質家爵三等」者，即春秋合伯、子、男爲一之義。爵雖五而實三，若文家，則判然爲五。其實公、侯、伯、子、男五等，自古皆然，不得疑夏制無公、侯、伯、子、男也。

故得萬國之歡心，以事其先王。【注】諸侯五年一朝天子，各以其職來助祭宗廟。治要。天子亦五年一巡狩。王制正義。勞來釋文，上下闕。是得萬國之歡心，嚴可均曰：「下當有『以』字。」事其先王也。治要。

疏曰：鄭注「萬國」之義不傳。推鄭意，不以爲周制，説見上。云「諸侯五年一朝天子，各以其職來助祭宗廟」者，與何君公羊解詁同。又白虎通朝聘篇曰：「謂之朝何？朝者，見也。五年一朝，備文德而明禮義也。」「朝用何月？皆以夏之孟四月，因留助祭。」説亦相合。

云「天子亦五年一巡狩」者，堯典：「五載一巡守。」王制：「天子五年一巡守。」鄭注：「天子以海内爲家，時一巡省之。五年者，虞、夏之制也。」白虎通巡守篇曰：「所以不歲巡守何？爲太煩也，過五年爲太疏也。因天道時有所生，歲有所成。三歲一閏，天道小備；五歲再閏，天道大備。故五年一巡守，三年，二伯出，述職黜陟。」公羊隱八年傳解詁曰：「王者所以必巡守者，天下雖平，自不親見，猶恐遠方獨有不得其所，故三年一使三公黜陟，五年親自巡守。」御覽引逸禮曰：「所以五年一巡守何？五歲再閏，天道大備是也。」錫瑞案：白虎通諸説皆不云五年巡守爲虞、夏制，蓋今文説此爲古制皆然。鄭注禮，見周禮有「十有二歲，王巡守殷國」之文，乃分別五年巡守爲虞、夏制。鄭注孝經用今文説，故不分別其辭，當亦以五年爲通制矣。

云「勞來」者，鄭義不完，蓋以爲禮尚往來，諸侯五年一朝，天子亦五年一巡守，答其禮而勞來之，故得萬國之歡心也。

治國者不敢侮於鰥寡，而況於士民乎？【注】治國者，諸侯也。治要。丈夫六十無妻曰鰥，婦人五十無夫曰寡也。詩桃夭正義，文選潘安仁關中詩注。故得百姓之歡心，以事其先君。

疏曰：鄭注云：「治國者，諸侯也」者，明皇依魏注，亦云「理國謂諸侯」。邢疏曰：「按周禮云：『體國經野。』詩曰：『生此王國。』是其天子亦言國也。易曰：『先王以建萬國，親諸侯。』是諸侯之國。上言明王理天下，此言理國，故知諸侯之國也。」

云「丈夫六十無妻曰鰥，婦人五十無夫曰寡也」者，詩桃夭疏引此注云：「知如此爲限者，以内則云『妾雖老，年未滿五十，必與五日之御』，則婦人五十不復御，明不復嫁，故知稱寡以此斷也。士昏禮注云『姆，婦人年五十出而無子者』，亦出於此也。本三十男，二十女爲昏。婦人五十不嫁，男子六十不復娶，爲鰥、寡之限也。巷伯傳曰『吾聞男女不六十不閒居』，謂婦人也。内則曰『唯及七十，同藏無閒』，謂男子也。此其差也。」

治家者不敢失於臣妾之心，【注】治家，謂卿大夫。明皇注，正義云：「此依鄭注也。」男子賤稱。釋文，嚴可均曰：「按：此注上當有『臣』字，下當有『妾，女子賤稱。』」而況於妻子乎？故得人之歡心，以事其親。

【注】小大盡節。釋文。

疏曰：鄭注云：「治家，謂卿大夫」者，邢疏曰：「案下章云：『大夫有爭臣三人，雖無道，不失其家。』禮記王制曰『上大夫卿』，則知治家謂卿大夫。」云「男子賤稱」，當從嚴説，上加「臣」字，下加「妾，女子賤稱」句。周禮冢宰：「八曰臣妾，聚斂疏材。」鄭注：「臣妾，男女貧賤之稱。晉惠公卜懷公之生，曰：『將生一男一女，男爲人臣，女爲人妾。』生而名其男曰圉，女曰妾。及懷公質於秦，妾爲宦女焉。」云「小大盡節」者，邢疏曰：「小謂臣妾，大謂妻子也。」

夫然，故生則親安之，【注】養則致其樂，故親安之也。治要。祭則鬼饗之，【注】祭則致其嚴，故鬼饗之。治要。

疏曰：鄭注云：「養則致其樂，祭則致其嚴」者，用下紀孝行章文。祭義曰：「養可能也，敬爲難；敬可能也，安爲難。」又曰：「君子生則敬養，死則敬享。」祭統曰：「祭者，所以追養繼孝也。」潛夫論正列篇引此經云：「由此觀之，德義無違，神乃享。鬼神受享，福祚乃隆。」

是以天下和平，【注】上下無怨，故和平。治要。災害不生，【注】風雨順時，百穀成孰。治要。禍亂不作。【注】君惠、臣忠、父慈、子孝，是以禍亂無緣得起也。治要。故明王之以孝治天下也如此。【注】故上明王所以災害不生，禍亂不作，以其孝治天下，故致於此。治要。

疏曰：鄭注云：「上下無怨，故和平」者，左氏昭二十年傳曰：「若有德之君，外內不廢，上下無怨。」疏曰：「此猶如孝經『上下無怨』也。言人臣及民，上下無相怨耳。服虔云：上下謂人神無怨。」案：鄭義當如服虔說，與下「災害不生」意合。

云「風雨順時，百穀成孰」者，洪範：「曰肅，時雨若。」「曰聖，時風若。」「歲月日時無易，百穀用成。」是其義也。

云「君惠、臣忠、父慈、子孝，是以禍亂無緣得起也」者，禮運曰：「父慈、子孝、兄良、弟弟、夫義、婦聽、長惠、幼順、君仁、臣忠，十者謂之人義。講信修睦，謂之人利；爭奪相殺，謂之人患。」禮言十義，則無爭奪相殺之患也。左氏隱四年傳：「君義，臣行，父慈，子孝，兄愛，弟敬，所謂六順也。」「去順效逆，所以速禍也。」[一]傳言六順，則無去順效逆之禍也。鄭言「禍亂無緣得起」，歸本於「君惠、臣忠、父慈、子孝」，即記與傳之意。但言君、臣、父、子，舉其尤要者耳。漢書禮樂志曰：「於是教化浹洽，民用和睦，災

〔一〕按：此處應出自左傳隱公三年。

害不生，禍亂不作」，引此經文。

詩云：『有覺德行，四國順之。』【注】覺，大也。有大德行，四方之國順而行之也。治要。

疏曰：鄭注云：「覺，大也」者，廣雅釋詁一：「覺，大也。」詩斯干：「有覺其楹。」傳：「有覺，言高大也。」鄭箋云：「有大德行，則天下順從其化〔二〕」，與此合。

〔二〕「化」，毛詩正義原文作「政」。

聖治章第九

曾子曰：「敢問聖人之德，無以加於孝乎？」子曰：「天地之性，人爲貴。【注】貴其異於萬物也。治要。人之行莫大於孝，【注】孝者，德之本，又何加焉？治要。

疏曰：鄭注云：「貴其異於萬物也」者，明皇注同。邢疏曰：「夫稱貴者，是殊異可重之名。按禮運曰：『人者，五行之秀氣也。』尚書曰：『惟天地萬物父母，惟人萬物之靈。』是異於萬物也。」錫瑞案：祭義曰：「天之所生，地之所養，無人爲大。」即「天地之性，人爲貴」之義。曾子大孝文同。盧注引孝經曰：「天地之性，人爲貴。人之行莫大於孝也。」云「孝者，德之本」者，用開宗明義章文。

孝莫大於嚴父，【注】莫大於尊嚴其父。治要。嚴父莫大於配天，【注】尊嚴其父，莫大於配天。生事敬愛，死爲神主也。治要。則周公其人也。【注】尊嚴其父，配食天者，周公爲之。治要。

疏曰：鄭注以「嚴」爲「尊嚴」者，孟子「無嚴諸侯」注、吕覽審應「使人戰者嚴駔也」注，皆曰：「嚴，尊也。」禮大傳「收族故宗廟嚴」，注：「嚴猶尊也。」漢書平當傳注「嚴謂尊嚴」，是尊、嚴同義也。

云「生事敬愛，死爲神主」者，續漢志注引鉤命訣曰：「自外至者，無主不止；自内出者，無匹不行。」公羊宣三年傳：「自内出者，無匹不行。自外至者，無主不止。」何氏解詁曰：「必得主人乃止者，天道闇昧，故推人道以接之。」喪服小記鄭注引「自外至者，無主不止」，疏云：「外至者，天神也。主者，人祖也。故祭以人祖配天神也。」白虎通郊祀篇曰：「王者所以祭天何？緣事父以事天也。祭天必以祖配何？以自内出〔一〕無匹不行，自外至者無主不止，故推其始祖配以賓主，順天意也。」禮運曰：「禮行於郊而百神受職焉。」然則郊配天神，即爲百神之主，明堂配帝，亦同此義。或以祖配，或以父配，皆死爲神主矣。

云「尊嚴其父，配食天者，周公爲之」者，邢疏曰：「禮記有虞氏尚德，不郊其祖，夏、殷始尊祖於郊，無父配天之禮也。周公大聖而首行之。」案：邢説原本鄭義。祭法「有虞氏禘黄帝而郊嚳，祖顓頊而宗堯；夏后氏亦禘黄帝而郊鯀，祖顓頊而宗禹；殷人禘嚳而郊冥，祖契而宗湯；周人禘嚳而郊稷，祖文王而宗武王。」鄭注：「禘、郊、祖、宗，謂祭祀以配食也。有虞氏以上尚德，禘、郊、祖、宗，配用有德者而已。自夏已下，

〔一〕「以自内出」，白虎通原文作「自内出者」。

稍用其姓代之。」據此，則有虞以前配天但用有德，不必同姓。夏以後雖皆一姓，不必其父。夏之宗禹，殷之宗湯，不知其禮定於何時。左氏哀元年傳曰：「祀夏配天」，書多士、君奭皆言殷有配天之禮，詩文王云「克配上帝」，而其禮不可考。武王末受命，周禮定於周公，故經專舉周公而言，注亦云「周公爲之」也。漢書平當傳引經「天地之性」至「周公其人也」，曰「夫孝子善述人之志，周公既成文、武之業，制作禮樂，修嚴父配天之事，知文王不欲以子臨父，故推而序之，上及於后稷，而以配天。此聖人之德亡以加於孝也。」白虎通引「則周公其人也」。南齊書何佟之議：「孝經是周公居攝時禮，祭法是成王反位後所行。故孝經以文王爲宗，祭法以文王爲祖。又孝莫大於嚴父配天，則周公其人也。尋此旨，寧施成王乎？若孝經所說審是成王所行，則爲嚴祖，何得云嚴父邪？」

昔者周公郊祀后稷以配天，【注】郊者，祭天之名。治要，宋書禮志二。后稷者，周公始祖。治要。東方青帝靈威仰，周爲木德，威仰木帝，正義。嚴可均曰：「按此注上下闕。正義云：『鄭以祭法有「周人禘嚳」之文，變郊爲祀感生之帝，謂東方青帝』云云。詳鄭意，蓋以爲配天者配東方天帝，非配昊天上帝也。周人禘嚳而郊稷，禘祀昊天上帝以帝嚳配，郊祀感生帝以后稷配。」以后稷配蒼龍精也。錫瑞案：儀禮經傳通解續引鄭注「周爲木德」下多此八字，嚴本遺之，今據補。

疏曰：鄭注云：「郊者，祭天之名。后稷者，周公始祖」者，郊特牲曰：「郊之祭也，迎長日之至也，大報天而主日也。兆於南郊，就陽位也。於郊，故謂之郊。」據此，則郊主爲祭天，以祭於郊而即以郊名之。故曰「郊者，祭天之名」。經言周公，故曰「后稷，周公始祖也。」

云「東方青帝靈威仰，周爲木德，威仰木帝，以后稷配蒼龍精也」者，大傳：「王者禘其祖之所自出，以其祖配之」，鄭注：「大祭其先祖所由生，謂郊祀天也。王者之先祖，皆感太微五帝之精以生，蒼則靈威仰，赤則赤熛怒，黄則含樞紐，白則白招拒，黑則汁光紀，皆用正歲之正月郊祭之，蓋特尊焉。孝經曰『郊祀后稷以配天』，配靈威仰也；『宗祀文王於明堂，以配上帝』，泛配五帝也。」疏曰：「『王者之先祖，皆感太微五帝之精以生』者，案師説引河圖云：『慶都感赤龍而生堯。』又云：『堯赤精，舜黄，禹白，湯黑，文王蒼。』又元命苞云：『夏，白帝之子。殷，黑帝之子。周，蒼帝之子。』是其王者皆感太微五帝之精而生。云『蒼則靈威仰』至『汁光紀』者，春秋緯文耀鉤文。云『皆用正歲之正月郊祭之』者，案易緯乾鑿度云：『三王之郊，一用夏正』。云『蓋特尊焉』者，就五帝之中，特祭所感生之帝，是特尊焉。注引孝經云『郊祀后稷以配天』者，證禘其祖之所自出，以其祖配之。又引『宗祀文王於明堂，以配上帝』者，證文王不特配感生之帝，而泛配五帝矣。」據禮記注疏，鄭君明引孝經解禮，與此注義正同。又喪服小記注云：「始祖感天神靈而生，祭天則以祖配之。」疏云：「王者夏正，禘祭其先祖所出之天，若周之先祖出自靈威仰也。」禮器：「魯人將有事於上帝」，注云：「上帝，周所郊祀之帝，謂蒼帝靈威仰也。」月令：「祈穀於上帝。」注云：「上帝，太微之帝也。」疏云：「春秋緯文。太微爲天庭，中有五帝座。郊天各祭其所感帝。殷祭汁光紀，周祭靈威仰也。」祭法：「燔柴於泰壇祭天也。」疏云：「此祭感生之帝於南郊。」周禮典瑞：「四圭有邸以祀天旅上帝。」注云：「玄謂：祀天，夏正郊天也。上帝，五帝，所郊亦猶五帝。殊言天者，尊異之也。」疏云：「王者各郊所感帝，若周之靈威仰之等即是五帝，而殊言天，是尊異之，以其祖感之而生故也。」此皆鄭君之義。然則經言「配天」，鄭義亦當以爲殊言天者，尊異之，天即感生之帝，而非昊天上帝矣。公羊宣三年傳：「郊則曷爲必祭稷？王者必以其祖配。」何氏解詁曰：「祖謂后稷，周之始祖，姜嫄履大人迹所生。配，配食也。孝經曰：『郊祀后稷以配天，宗祀文王於明堂以配上帝』。五帝在太微之中，迭生子孫，更王天下。」何君解孝經用感生帝説，與鄭君同。詩疏引異義：「詩齊、魯、韓，春秋公羊説『聖人皆無父，感天而生。』許君謹案：讖云『堯五廟』，知不感天而生。」而説文曰：「姓，人所生也。古之神聖母感天而生子，故稱天子。」是許君亦用感生帝説矣。鄭言后稷感生之義，見於詩箋。生民「履帝武敏歆，攸介攸止」，箋云：「帝，上帝也。敏，拇也。……祀郊禖之時，時則有大神之迹。姜嫄履之，足不能滿其拇指之處〔二〕，心體歆歆然，其左右所止住，如有人道感己者也。」閟宫：「赫赫姜嫄，其德不回，上帝是依。」箋云：「依，依其身也。赫赫乎顯著姜嫄也，其德貞正不回邪，天用是馮依而降精氣。」疏引河圖曰：「姜嫄履大人迹，生后稷。」中候稷起云：「蒼耀稷生感迹昌。」苗興云：「稷之迹乳。」史記周本紀云：「姜嫄出野，見巨人迹，心忻然悦，欲踐之，踐之而身動如孕

〔二〕「足不能滿其拇指之處」，毛詩正義原文作「足不能滿，履其拇指之處」。

者。及期而生棄。」是鄭義有本也。明皇注用王肅説，邢疏引其駁鄭義曰：「『案爾雅曰：「祭天曰燔柴，祭地曰瘞薶。」又曰：「禘，大祭也。」謂五年一大祭之名。又祭法祖有功，宗有德，皆在宗廟，本非郊配。若依鄭説，以帝嚳配祭圜丘，是天之最尊也。周之尊帝嚳不若后稷，今配青帝，乃非最尊，實乖嚴父之義也。且遍窺經籍，並無以帝嚳配天之文。若帝嚳配天，則經應云禘嚳於圜丘以配天，不應云「郊祀后稷」也。天一而已，故以所在祭，在郊則謂爲圜丘，言於郊爲壇，以象圜天。圜丘即郊也，郊即圜丘也。』其時中郎馬昭抗章固執，當時勑博士張融質之。融稱：『漢世英儒自董仲舒、劉向、馬融之倫，皆斥周人之祀昊天於郊以后稷配，無如玄説配蒼帝也。然則周禮圜丘，則孝經之郊，聖人因尊事天，因卑事地，安能復得祀帝嚳於圜丘，配后稷於蒼帝之禮乎？且在周頌「思文后稷，克配彼天」，又昊天有成命「郊祀天地也。」則郊非蒼帝，通儒同辭，肅説爲長。』」錫瑞案：王肅所駁，郊特牲孔疏已解之，曰：「王肅以郊丘是一，而鄭氏以爲二者，案大宗伯云：『蒼璧禮天。』典瑞又云：『四圭有邸以祀天。』是玉不同。宗伯又云：『牲幣各放其器之色。』則牲用蒼也。祭法又云：『燔柴於泰壇，用騂犢。』是牲不同也。又大司樂云：『凡樂，圜鍾爲宮，黄鍾爲角，大簇爲徵，姑洗爲羽。』『冬日至於地上之圜丘奏之，若樂六變，則天神皆降。』上文云：『乃奏黄鍾，歌大吕，舞云門，以祀天神。』是樂不同也。故鄭以云蒼璧、蒼犢、圜鍾之等爲祭圜丘所用，以四圭有邸、騂犢及奏黄鍾之等以爲祭五帝及郊天所用。王肅以郊特牲周之始郊日以至，與圜丘同配以后稷。鄭必以爲異，圜丘又以帝嚳配者，鄭以周郊日以至，自是魯禮，故注郊特牲云：『周衰禮廢，儒者見周禮盡在魯，因推魯禮以言周事。』鄭必知是魯禮非周郊者，以宣三年正月郊牛之口傷，是魯郊用日至之月。案周郊祭天，大裘而冕，郊特牲云：『王被袞，戴冕璪十有二旒。』故知是魯禮，非周郊也。又知圜丘配以帝嚳者，案祭法云：『周人禘嚳而郊稷。』禘嚳在郊稷之上，稷卑於嚳，以明禘大於郊。又爾雅云：『禘，大祭也。』大祭莫過於圜丘，故以圜丘爲禘。圜丘比郊，則圜丘爲大。祭法云『禘嚳』是也。若以郊對五時之迎氣，則郊爲大，故大傳云：『王者禘其祖之所自出。』故郊亦稱禘，其宗廟五年一祭，比每歲常祭爲大，故亦稱禘也。以爾雅唯云『禘爲大祭』，是文各有所對也。」孔疏推衍鄭意詳明，或即馬昭申鄭之説。學者審此，可無疑於鄭義矣。鄭箴膏肓曰：「孝經云：『郊祀后稷以配天』，言『配天』不言『祈穀』者，主説周公孝以配天之義。本不爲郊祀之禮出，是以其言不備。」

宗祀文王於明堂以配上帝，【注】文王，周公之父。明堂，天子布政之宮。治要。明堂之制，八窗四闥，御覽一百八十六。上圓下方，白孔六帖十。在國之南。玉海九十五。南是明陽之地，故曰明堂。正義。上帝者，天之別名也。治要，史記封禪書集解，宋書禮志三。又南齊書九作「上帝，亦天別名」。嚴可均曰：「按鄭以上帝爲天之別名也者，謂五方天帝別名上帝，非即昊天上帝也。周官典瑞『以祀天旅上帝』，明上帝與天有差等，故鄭注禮記大傳引孝經云：『郊祀后稷以配天，配靈威仰也。宗祀文王於明堂以配上帝，泛配五帝也。』又注月令孟春云：『上帝，太微之帝也。』月令正義引春秋緯：『紫微宮爲大帝，太微宮爲天庭，中有五帝座。五帝，五精之帝，合五帝與天爲六天。』自從王肅難鄭，謂天一而已，何得有六？後儒依違不定。然明皇注此配上帝云：『五方上帝』，猶承用鄭義，不能改易也。」神無二主，故異其處，避后稷也。史記封禪書集解 續漢祭祀志注補 又宋書禮志三作

「明堂異處，以避后稷」。

疏曰：嚴説是也。文選東京賦注引鉤命決曰：「宗祀文王於明堂以配上帝、五精之神。」通典引鉤命決曰：「郊祀后稷以配天地，祭天南郊就陽位，祭地北郊就陰位。后稷爲天地主，文王爲五帝宗。」是孝經緯説以上帝爲五帝。鄭義本孝經緯鉤命決也。鄭君以北極大帝爲皇天，太微五帝爲上帝，合稱六天，故五帝亦可稱天。鄭不以五帝解上帝，而必云「天之别名」者，欲上應「嚴父配天」之經文，其意實指五帝，與祭法注引此經以證祖宗之祭同意。天與上帝之異，猶周禮典瑞注云：「上帝，五帝，所郊亦猶五帝。殊言天者，尊異之也。」上帝兼舉五帝，故云天之别名。

云「明堂，天子布政之宫」云云者，本孝經緯援神契文。禮記疏引異義「講學大夫淳于登説『明堂在國之陽，丙巳之地，三里之外，七里之内，而祀之就陽位。上圓下方，八窗四闥，布政之宫。周公祀文王於明堂以配上帝。上帝，五精之神。太微之庭中有五帝座星。』鄭君云：『淳于登之言取義於援神契。援神契説：「宗祀文王於明堂以配上帝。」曰明堂者，上圓下方，八窗四闥，布政之宫，在國之陽。帝者，諦也。象上可承五精之神。五精之神，實在太微，於辰爲巳，是以登云然。今漢立明堂於丙巳，由此爲也。』」據此，則鄭君此注皆本援神契古義矣。大戴禮盛德篇曰：「一室而有四戶八牖，上圓下方。」〔二〕桓譚新論曰：「上圓法天，下方法地，八窗法八風，四達法四時。」白虎通曰：「明堂上圓下方，八窗四闥，布政之宮，在國之陽。」三輔黃圖曰：「明堂所以正四時，出教化，天子布政之宮也。上圓象天，下方法地，八窗即八牖也。四闥者象四時、四方也。」皆與鄭合。隋書禮儀志：「梁武帝制曰：『鄭玄據援神契，亦云上圓下方，又云八窗四闥。』」武帝以爲鄭説據援神契，最塙。錫瑞案：鄭云「八窗四闥」，與盛德記似同實異。盛德記曰：「凡九室，一室而有四戶八牖，三十六戶七十二牖。」鄭駁之云：「戴禮所説雖出盛德記，其下顯與本章異。九室三十六戶七十二牖，似呂不韋所益，非古制也。」鄭據考工「五室」之文，不信盛德九室之説，則一室雖有八窗四闥，合計之不得有三十六戶七十二牖矣。明堂祀五精帝，當以鄭君五室之義爲長。漢人説明堂者多與鄭異。異義：「古周禮、孝經説：明堂，文王之廟。夏后氏世室，殷人重屋，周人明堂。東西九筵，筵九尺，南北七筵，堂崇一筵，五室，凡屋二筵。」案：許君嘗受魯國三老古文孝經，其説別無所見，次所引皆考工記文，故與古周禮同。五室之説，鄭所遵用，云「明堂文王之廟」，則與鄭義不合。鄭志：「趙商問曰：『説者謂天子廟制如明堂，是爲明堂即文廟耶？』答曰：『明堂主祭上帝，以文王配耳。猶如郊天以后稷配也。』」據此，則鄭不以明堂爲文廟也。孔牢等以爲明堂、辟雍、太學，其實一也。馬宮、王肅亦以爲同一處。盧植又兼太廟言之。蔡邕以爲清廟、

〔二〕按：此處原文應出自大戴禮明堂篇。

太廟、太室、明堂、太學、辟雍，異名同事。穎容又兼靈臺言之。案：玉藻「聽朔於南門之外」，鄭注：「天子廟及路寢皆如明堂制。明堂在國之陽，每月就其時之堂而聽朔焉。卒事反宿路寢，亦如之。」鄭君此注分別最晰，廟及路寢如明堂制，則不得與明堂合爲一矣。明堂聽朔，反宿路寢，明堂非路寢更可知。惟太學、辟雍，古說以爲與明堂同處。魏文侯孝經傳曰：「大學者，中學明堂之位也。」此孝經說之最古者。禮記昭穆篇曰：「大學，明堂之東序也。」盛德篇曰：「明堂其外水環之曰辟雍。」封禪書曰：「天子曰明堂辟雍，諸侯曰泮宮。」白虎通曰：「禮，三老於明堂，以教諸侯孝也。禮，五更於大學，以教諸侯弟也。」韓詩說：「辟雍者，天子之學，圓如璧，雍之以水，示圓。言辟，取辟有德，所以教天下。春射、秋饗，尊事三老五更，在南方七里之内，立明堂於中。」鄭駁異義云：「王制，小學在公宮南之左，大學在郊。天子曰辟雍，諸侯曰泮宮。然則大學即辟雍也。大雅靈臺一篇之詩有靈臺，有靈囿，有靈沼，有辟廱，其如是也，則辟雍及三靈皆同處在郊矣。」鄭謂辟雍、大學、三靈同處在郊，其說至塙。而又云大學在西郊，王者相變之宜，則與明堂在南郊者不同。鄭必以爲在西郊者，由泥於王制之文。鄭以王制上庠下庠之類，一是大學，一是小學，故謂三代相變，周大學當在國。案：大學在郊，三代所同，上庠下庠之類，即天子四學之異名，皆在明堂四門之塾，不當分大學小學、在郊在國。鄭駁異義已云大學在郊，與王制注不同，是王制注非定論。駁異義云「西郊」，亦未盡是。大學、明堂，據魏文侯傳，當同一處。韓詩說在南方七里之内，正與鄭用援神契說明堂在南方七里之内符同。可據孝經傳與孝經緯以補鄭義所未及也。明皇注：「明堂，天子布政之宮也。周公因祀五方上帝於明堂，乃尊文王以配之也。」邢疏曰：「『明堂，天子布政之宮也』者，按禮記明堂位，『昔者周公朝諸侯於明堂之位，天子負斧依南鄉而立』，『明堂也者，明諸侯之尊卑也』，『制禮作樂，頒度量而天下大服』，知明堂是布政之宮也。云『周公因祀五方上帝於明堂，乃尊文王以配之也』者，『五方上帝』即是上帝也，謂以文王配五方上帝之神，侑坐而食也。按鄭注論語云：『皇皇后帝，並謂太微五帝。在天爲上帝，分王五方爲五帝。』舊説明堂在國之南，去王城七里，以近爲媟；南郊去王城五十里，以遠爲嚴。五帝卑於昊天，所以於郊祀昊天，於明堂祀上帝也。五帝謂東方青帝靈威仰，南方赤帝赤熛怒，西方白帝白招拒，北方黑帝汁光紀，中央黄帝含樞紐。鄭玄云：『明堂居國之南，南是明陽之地，故曰「明堂」。』按史記云：『黄帝接萬靈於明庭』，『明庭』即明堂也。……鄭玄據援神契云：『明堂上圜下方，八牖四闥。』上圜象天，下方法地；八牖者即八節也，四闥者象四方也。……此言宗祀於明堂，謂九月大享靈威仰等五帝，以文王配之，即月令云：『季秋大享帝。』注云：『徧祭五帝。』以其上言『舉五穀之要，藏帝藉之收於神倉』，九月西方成事，終而報祭也。」錫瑞按：明皇注於上文「郊祀」用王肅説，故與鄭異。此注遵用鄭義，邢疏申注亦明。鄭注祭法云：「祭上帝於南郊曰郊，祭五帝、五神於明堂，曰祖、宗，祖、宗通言爾。……孝經曰：『宗祀文王於明堂以配上帝』。……郊祭一帝，而明堂祭五帝，小德配寡，大德配衆，亦禮之殺也。」疏引雜問志云：「『春曰其帝大皞，其神句芒，祭蒼帝靈威仰，太皞食焉。句芒祭之於庭。祭五帝於明堂，五德之帝亦食焉，又以文、武配之。』祭法『祖文王而宗武王』，此謂合祭於明堂。漢以正禮散亡，禮戴文殘缺，不審周以何月也。於月令以季秋。」詩我將序：「我將，祀文王於明堂也。」疏云：「此言祀文王於明堂，即孝經所謂『宗祀文王於明堂以配上帝』是也。文王之配明堂，其祀非一，此言祀文王於明堂，謂大享五帝於明堂也。曲禮曰：『大饗不問卜』，注云：『大饗五帝於明堂，莫適卜。』月令季秋：『是月也，大享帝。』注云：『言大享者，徧祭五帝。』曲禮曰：『大饗不問卜』，謂此也。是於明堂有總祭五帝之禮，但鄭以月令爲秦世之書，秦法自季秋，周法不必然矣。故雜問志云：『不審周以何月，於月令則季秋。』」據此，則鄭君不堅持季秋爲宗祀明堂之月。邢疏申鄭，尚未審也。

注云「神無二主，故異其處，避后稷也」者，神主即上文注云「死爲神主」，義見上。鄭以文王功德本應配天南郊，因周已有后稷配天，神不容有二主，又不可同一處。文王，周受命祖，祭之宗廟，以鬼享之，不足以昭嚴敬，故周公舉行宗祀明堂之禮，而宗文王以配上帝，於是嚴父配天之道得盡。異事異處，於尊后稷兩不相妨。鄭注明堂位「昔者周公朝諸侯於明堂之位」云：「不於宗廟，辟王也。」朝諸侯本應在宗廟，不於宗廟而於明堂者，所以避成王。文王本應配天南郊，不於南郊而於明堂者，所以避后稷，其義一也。鄭注周易「殷薦之上帝以配祖考」曰：「上帝，天帝也。以配祖考者，使與天同饗其功也。故孝經云『郊祀后稷以配天，宗祀文王於明堂以配上帝』是也。」漢書郊祀志：「元始五年，王莽奏言：『王者父事天，故爵稱天子。孔子曰：「人之行莫大於孝，孝莫大於嚴父，嚴父莫大於配天。」王者尊其考，欲以配天，緣考之意，欲尊祖，推而上之，遂及始祖。是以周公郊祀后稷以配天，宗祀文王於明堂以配上帝。』」據此，則尊祖正由尊父之義推之。與平當云「知文王不欲以子臨父，故推而序之」意同，皆得經旨。不然經言「嚴父配天」，但言宗祀文王，不必言郊祀后稷矣。

是以四海之內，各以其職來助祭，舊脱「助」字，依禮器正義加。【注】周公行孝於朝，治要脱「於」字，依釋文加。越裳重譯來貢，是得萬國之歡心也。治要。

疏曰：經云「助祭」，承「宗祀文王」言。詩清廟序：「清廟，祀文王也。周公既成洛邑，朝諸侯，率以祀文王焉。」疏云：「既成洛邑，在居攝五年，其朝諸侯則在六年。明堂位所云『周公踐天子之位，以治天下，六年朝諸侯於明堂』，即此時也。」言「率之以祀文王」，則朝者悉皆助祭。詩曰：「肅雍顯相。」箋云：「諸侯有光明著見之德者來助祭。」尚書大傳洛誥：「傳曰：於卜洛邑，營成周，改正朔，立宗廟，序祭祀，易犧牲，制禮樂，一統天下，合和四海而致諸侯，皆莫不依紳端冕，以奉祭祀者。」「天下諸侯之悉來，進受命於周而退見文、武之尸者，千七百七十三諸侯，皆莫不磬折玉音，金聲玉色，然後周公與升歌而弦文、武。諸侯在廟中者，伋然淵其志，和其情，愀然若復見文、武之身，然後曰：嗟，子乎！此蓋吾先君文、武之風也夫！故周人追祖文王而宗武王也。」伏傳所言，即此經四海之內助祭之事。云「千七百七十三諸侯」，正與王制鄭注引孝經說「周千八百諸侯，舉成數」者相符。漢書王莽傳云：「周公居攝，郊祀后稷以配天，宗祀文王於明堂以配上帝，是以四海之內，各以其職來助祭，蓋諸侯千八百矣。」云「千八百諸侯」，與鄭説合。經云「宗祀文王」，伏傳言「祖文宗武」，不同者，韋昭國語注云：「周公初時，祖后稷而宗文王；至武王，雖承文王之業，有伐紂定天下之功，其廟不可以毀，故先推后稷以配天，而後更祖文王而宗武王。」然則此經據周公初定之禮而言，亦以上言「嚴父配天」，故專舉文王也。

鄭注云「周公行孝於朝，越裳重譯來貢，是得萬國之歡心也」者，尚書大傳曰：「交阯之南有越裳國，周公居攝六年，制禮作樂，天下和平。越裳以三象重譯而獻白雉，曰：『道路悠遠，山川阻深，音使不通，故重譯而朝。』成王以歸周公，公曰：『德不加焉，則君子不饗其質；政不施焉，則君子不臣其人。吾何以獲此賜也？』其使請曰：『吾受命吾國之黃耇曰：「久矣，天之無別風淮雨，意者中國有聖人乎？有，則盍往朝之？」』周公乃歸之於王，稱先王之神致，以薦於宗廟。」即其事也。鄭必以越裳來貢，證「得萬國之歡心」者，以經言「萬國」，又言「四海之内」，據孝經說，周九州内惟有千八百諸侯，不足萬國之數。越裳在九州外，不在千八百諸侯之中，乃可舉爲「得萬國之歡心」之證，亦與「四海之内，各以其職助祭」相合。周禮大行人：「九州之外，謂之蕃國，各以其所貴寶爲贄。」即越裳白雉之類。越裳之來，雖非助祭，然公既以薦宗廟，即與助祭有合。且事在居攝六年，正周公朝諸侯於明堂之時。鄭義似泛而實切也。漢書郊祀志引「郊祀后稷」至「各以其職來助祭」。後漢班彪傳注，公羊僖十五年疏，引皆有「助」字。

夫聖人之德，又何以加於孝乎？【注】孝弟之至，通於神明，豈聖人所能加？治要。

疏曰：白虎通聖人篇引此經爲周公聖人之證。鄭注云「孝弟之至，通於神明」者，用感應章文。鉤命决曰：「孝悌之至，通於神明，則鳳皇巢。」論衡程材篇引孔子曰：「孝悌之至，通於神明。」漢武梁祠畫象贊曰：「曾子質孝，以通神明」，亦據感應章也。孟子曰：「堯、舜之道，孝弟而已矣。」故曰：「豈聖人所能加？」

故親生之膝下，以養父母日嚴。【注】致其樂。釋文，嚴可均曰：「按：上當有『養以』二字，下闕。」聖人因嚴以教敬，因親以教愛。【注】因人尊嚴其父，教之爲敬；因親近於其母，教之爲愛，順人情也。治要。聖人之教不肅而成，【注】聖人因人情而教民，民皆樂之，故不肅而成也。治要。其政不嚴而治，【注】其身正，不令而行，故不嚴而治也。治要。其所因者本也。【注】本謂孝也。治要。

疏曰：漢書藝文志曰：「『故親生之膝下』，諸家說不安處，古文字讀皆異。」是此經本不易解，鄭注殘缺，未審其義云何。明皇注云：「親愛之心生於孩幼，比及年長，漸識義方，則日加尊嚴。」其說亦不安，恐非鄭義也。

鄭注云「因人尊嚴其父，教之爲敬；因親近於其母，教之爲愛，順人情也」者，以敬屬父，以愛屬母，義本士章「資於事父以事母而愛同，資於事父以事君而敬同」，故知愛敬當分屬父母。鄭注天子章「愛敬盡於事親」，亦云「盡愛於母，盡敬於父」也。孟子言良知良能，孩提知愛長知敬，是人情本具有愛敬之理，聖人因而教之，乃順人情也。

云「聖人因人情而教民，民皆樂之」者，承上文言。云「其身正，不令而行」者，用論語文。此經與三才章文同義異。三才章承上「則天明，因地利」而言，此經承上「因嚴教敬，因親教愛」而言，皆有所因，故政教易行。鄭注並云「民皆樂之」，具得經旨。

云「本謂孝也」者，開宗明義章曰：「夫孝，德之本也。」鄭以「人之行，莫大於孝」解之。此章上文曰「人之行，莫大於孝」，故云「本謂孝」矣。

父子之道，天性也，【注】性，常也。治要。君臣之義也。【注】君臣非有天性，但義合耳。治要。

疏曰：鄭注云：「性，常也」者，白虎通性情篇曰：「五性者何？謂仁、義、禮、智、信也。」是五性即五常，故「性」可云「常」也。

云「君臣非有天性，但義合也」者，莊子人間世引仲尼曰：「天下有大戒二，其一，命也；其一，義也。子之愛親，命也，不可解於心。臣之事君，義也，無適而非君也，無所逃於天地之間，是之謂大戒。」鄭分父子、君臣爲二，實本此義，且與下文「父母生之」，「君親臨之」正合。明皇注云「父子之道，天性之常，加以尊嚴，又有君臣之義」，併爲一讀，與下文不合矣。

父母生之，續莫大焉。【注】父母生之，骨肉相連屬，復何加焉？治要。君親臨之，厚莫重焉。【注】君親擇賢，顯之以爵，寵之以祿，厚之至也。治要。

疏曰：鄭注云：「父母生之，骨肉相連屬」者，詩小弁：「不屬于毛，不離于裏。」傳云：「毛在外，陽，以言父；裏在內，陰，以言母。」疏云：「屬者，父子天性相連屬。離者，謂所離歷，言稟父之氣，歷母而生也。」

云「君親擇賢，顯之以爵，寵之以祿」者，王制：「凡官民材，必先論之。論辨，然後使之。任事，然後爵之。位定，然後祿之。」鄭注：「論，謂考其德行道藝。辨，謂考問得其定也。爵，謂正其秩次。與之以常食。」擇賢，即考德行道藝。爵祿，即秩次常食也。風俗通汝南封祈下引「君親臨之」二句。

故不愛其親而愛他人者，謂之悖德。【注】人不愛其親而愛他人之親者，「之」字依下注加。謂之悖德。治要。不敬其親而敬他人者，謂之悖禮。【注】不能敬其親而敬他人之親者，謂之悖禮也。治要。以順則逆，【注】以悖爲順，則逆亂之道也。治要。民無則焉，【注】則，法。治要。不在於善而皆在於凶德，【注】惡人不能以禮爲善，乃化爲惡，若桀、紂是也。治要。雖得之，君子所不貴。明皇本無「所」字，「貴」下有「也」字。【注】不以其道，故君子不貴。治要。

疏曰：經文但云「愛他人」、「敬他人」，鄭以爲「愛他人之親」、「敬他人之親」者，猶天子章云：「愛親者不敢惡於人，敬親者不敢慢於人」，鄭注亦以「人」爲「人之親」，皆以補明經旨，說甚諦當。鄭解上文「因嚴教敬，因親教愛」，以敬、愛分屬父母言，則此云「愛他人之親」，亦當分屬母；「敬他人之親」，亦當分屬父矣。明皇注用孔傳，邢疏申之曰：「君自不行愛敬，而使天下人行」，說與經文不合。如其說，當改經文爲「不愛其親而使他人愛，不敬其親而使他人敬」，其義乃可通也。

云「則，法」者，釋詁文。云「惡人不能以禮爲善，乃化爲惡，若桀、紂是也」者，經上文云「悖德」、「悖禮」，此言「凶德」不言「禮」，故云「不能以禮爲善」，以補明經義。必舉桀、紂者，鄭注曲禮「敖不可長」四句，亦云「桀、紂所以自禍」。以桀、紂不善，人所共知，舉之使人易曉也。

注「雖得之，君子所不貴」爲「不以其道」者，用論語文。邢疏云：「言人君如此，是雖得志居臣人之上，幸免篡弒之禍，亦聖人君子之所不貴，言賤惡之也。」

君子則不然，言思可道，【注】君子不爲逆亂之道，言中詩、書，故可傳道也。治要。行思可樂，【注】動中規矩，故可樂也。治要。德義可尊，【注】可尊法也。治要。作事可法，【注】可法則也。治要。容止可觀，【注】威儀中禮，故可觀。治要。進退可度。【注】難進而盡忠，易退而補過。治要。以臨其民，是以其民畏而愛之，【注】畏其刑罰，愛其德義。治要。則而象之，【注】倣。釋文，上下闕。故能成其德教【注】漸也。釋文，上闕。而行其政令。【注】不令而伐，謂之暴。釋文，上下闕。

疏曰：鄭注云：「君子不爲逆亂之道」者，承上「以悖爲順，逆亂之道」而言。云「言中詩、書，故可傳道也」者，論語：「子所雅言，詩、書。」孝經一引書，餘皆引詩，即「言中詩、書」也。云「動中規矩，故可樂也」者，玉藻曰：「周還中規，折還中矩。」鄭注：「反行也，宜圜。曲行也，宜方。」是「動中規矩」也。

云「威儀中禮」者，明皇注亦云：「容止，威儀也。」邢疏曰：「容止，謂禮容所止也，漢書儒林傳云『魯徐生善爲容，以容爲禮官大夫』是也。威儀，即儀禮也，中庸云『威儀三千』是也。春秋左氏傳曰：『有威而可畏謂之威，有儀而可象謂之儀。』」

云「難進而盡忠，易退而補過」者，難進易退，用表記「子曰：『事君難進而易退，則位有序。』」之文。盡忠補過，用事君章文。鄭蓋以此章「君子」不專屬人君言，如卿大夫亦可言「臨民」也。

云「畏其刑罰，愛其德義」者，三才章曰：「陳之以德義而民興行，示之以好惡而民知禁。」鄭注：「善者賞之，惡者罰之。民知禁，莫敢爲非也。」是賞罰與德義並重。聖人教民，未嘗不用刑罰，故下有五刑章，所以使民畏也。鄭注「德教」、「政令」二句殘闕，其意似以德教當以漸致，政令不宜暴施。君子知其如此，故能成其德教，而行其政令也。繁露五行對篇引「行思可樂，容止可觀」。漢書匡衡傳引孔子曰：「德義可尊」，「容止可觀」至「則而象之」。

詩云：「淑人君子，其儀不忒。」【注】淑，善也。忒，差也。善人君子，威儀不差，可法則也。治要。

疏曰：鄭注云：「淑，善也」者，釋詁文。鄭君箋詩亦云：「淑，善。」箋詩云：「執義不疑」，順毛傳「忒，疑也」之義。此詁「忒」爲「差」，與箋詩異者，易觀：「觀天之神道，而四時不忒」虞注，豫：「而四時不忒」釋文引鄭注，左氏文二年傳「享祀不忒」注，禮記大學「其儀不忒」疏，吕覽先己「其儀不忒」注，廣雅釋詁四，皆云：「忒，差也。」

紀孝行章第十

子曰：「孝子之事親也，治要無「也」字，依明皇本加。居則致其敬，【注】也盡釋文，嚴可均曰：「按明皇注云：『平居必盡其禮』，則『也』當作『必』字。」禮也。釋文，嚴可均曰：「按『禮』上當有『其敬』。釋文云：『一本作盡其敬也，又一本作盡其敬禮也。』」養則致其樂，【注】樂竭歡心，以事其親。治要。病則致其憂，【注】色不滿容，行不正履。明皇注。正義曰：「此依鄭義也。」喪則致其哀，【注】擗踊哭泣，盡其哀情。北堂書鈔原本九十三居喪。「哀」字依明皇注加。正義曰：「此依鄭注也。」祭則致其嚴，【注】齊必變食，居必遷坐，敬忌踧踖，若親存也。北堂書鈔原本八十八祭祀總。陳本書鈔引鄭注「齊戒沐浴，明發不寐」，與明皇注同。

疏曰：鄭注「盡禮」非全文，蓋以禮解「敬」字。邢疏引禮記內則云：「子事父母，雞初鳴，咸盥漱，至於父母之所，敬進甘脆而後退。」又祭義曰：「養可能也，敬爲難」是也。云「樂竭歡心，以事其親」者，檀弓曰：「啜菽飲水，盡其歡，斯之謂孝。」內則曰：「下氣怡聲」，「問所欲而敬進之，柔色以溫之」。鄭注

「溫，藉也。承尊者必和顏色」是也。

云「色不滿容，行不正履」者，邢疏曰：「禮記文王世子云：王季『有不安節，則内豎以告文王，文王色憂，行不能正履』。又下文記古之世子，亦朝夕問於内豎，其有不安節，『世子色憂不滿容』。此注減『憂』、『能』二字者，以此章通於貴賤，雖擬人非其倫，亦舉重以明輕之義也。」案：玉藻云：「親癠色容不盛」，亦「色不滿容」之謂。

云「擗踴哭泣，盡其哀情」者，邢疏曰：「並約喪親章文。其義奥於彼。」云「齊必變食，居必遷坐，敬忌踧踖，若親存也」者，「齊必變食」二句，見論語鄉黨孔注：「改常饌，易常處。」鄉黨又云：「踧踖如也。」馬注：「踧踖，恭敬之貌。」論語八佾曰：「祭如在。」孔注：「祭死如事生。」祭義曰：「文王之祭也，事死者如事生。」中庸曰：「事死如事生，事亡如事存，孝之至也。」此「若親存」之義也。

五者備矣，然後能事親。事親者，居上不驕，【注】雖尊爲君，而不驕也。治要。爲下不亂，【注】爲人臣下不敢爲亂也。治要。在醜不爭。【注】忿爭爲醜。醜，類也。以爲善，不忿爭也。嚴可均曰：「治要有按語云：『忿爭爲醜』，疑有差誤。今按：『以爲善』，亦有脱誤。據下文『在醜而爭』注：『朋友中好爲忿爭』，此當云：『朋友爲醜』。曲禮『在醜夷不爭』，注：『醜，衆也。夷猶儕也。』義亦不殊。據諫爭章『士有爭友』注：『以賢友助己』，此當云『助己爲善』。己已形近，以即已。脱一助字。存疑，俟定。」居上而驕則亡，【注】富貴不以其道，是以取亡也。治要。爲下而亂則刑，

【注】爲人臣下好爲亂，則刑罰及其身也。治要無「也」字，依釋文加。在醜而爭則兵。【注】朋友中好爲忿爭者，惟兵刃之道。治要。三者不除，雖日用三牲之養，猶爲不孝也。【注】夫愛親者，不敢惡於人之親。今反驕亂忿爭，雖日致三牲之養，豈得爲孝乎？治要。

疏曰：「居上不驕」，與諸侯章文同，故鄭注以尊爲君，解「居上」。注云「爲人臣下不敢爲亂」者，論語曰：「其爲人也孝弟，而好犯上者，鮮矣。不好犯上而好作亂者，未之有也。」表記曰：「事君可貴可賤，可富可貧，可生可殺，而不可使爲亂。」云「忿爭爲醜」，有誤，嚴說是。

云「醜，類也」者，易離「獲匪其醜」虞注，禮哀公問「節醜其衣服」注，國語周語「況爾小醜」、楚語「官有十醜，爲億醜」注，孟子公孫丑「地醜德齊」注，爾雅釋草「蘩之醜」注，廣雅釋詁三，皆曰：「醜，類也。」「以爲善」，嚴說近是。

云「富貴不以其道，是以取亡也」者，諸侯章：「高而不危，所以長守貴也；滿而不溢，所以長守富也。」此言不以守富守貴之道，則富貴不能長守矣。

云「爲人臣下好爲亂，則刑罰及其身也」者，鄭言五刑之目，見下五刑章。其他如王制之四誅，士師之八成，皆臣下好亂，刑罰及身者矣。

云「朋友中好爲忿爭，惟兵刃之道」者，邢疏云：「言處儕衆之中而每事好爭競，或有以刃相讎害也。」

云「愛親者不敢惡於人之親」者，見天子章。邢疏云：「三牲，牛、羊、豕也。言奉養雖優，不除驕亂及爭競之事，使親常憂，故非孝也。」

五刑章第十一

子曰：「五刑之屬三千，【注】五刑者，謂墨、劓、臏、宮割、大辟也。治要。科條三千，釋文。謂劓、嚴可均曰：「按：劓當作墨，當云『墨之屬千』。」墨、嚴可均曰：「按：當作劓，當云『劓之屬千』。下當有『臏之屬五百』。」宮割、嚴可均曰：「按：當云『宮割之屬三百』。」大辟。嚴可均曰：「按：當云『大辟之屬二百』也。」穿窬盜竊者劓，釋文云：「與周禮注不同。」嚴可均曰：「按：劓當作墨。」刼賊傷人者墨，釋文云：「義與周禮注不同。」嚴可均曰：「按：墨當作劓。」男女不以禮交者，宮割。壞人垣牆，開人關闔者，臏。釋文云：「與周禮竝同，微異。」嚴可均曰：「按：『男女』至『宮割』九字，當在臏字之下。周禮司刑二千五百，罪以墨、劓、宮、刖、殺爲次弟，呂刑以墨、劓、剕、宮、大辟爲次弟，刖剕即臏也。此經言『五刑之屬三千』，明依呂刑。治要載鄭注次弟不誤，釋文改就周禮，非。」手殺人者大辟。釋文云：「亦與周禮注不同。」嚴可均曰：「按：周禮注者，司刑注引書傳也。書傳是伏生今文說，鄭受古文，與伏生說不同。司刑注云：『其刑書則亡』，明所說目略。衰周法家追定，周初未必有之。鄭亦據法家爲說，各有所本，不必强同。而鄭意又有可推得者。唐、虞象刑，呂刑用罰爲刑，法家之說，雖無害於經，究未足以說經，故注呂刑無此目略。陸爲先陸所誤，抉擇異同，實爲隔硋。或難曰：『書鄭本亡，何以知呂刑注無此目略？』答曰：『陸稱與周禮注不同，不稱與書注不同，足以明之。』」

疏曰：鄭注云：「墨、劓、臏、宫割、大辟也」者，白虎通五刑篇曰：「墨者，墨其額也。劓者，劓其鼻也。臏〔一〕小字本作臏者，脱其臏也。宫者，女子淫，執置宫中，不得出也。割者，加二字，從王引之説。丈夫淫，割去其勢也。大辟者，謂死也。」錫瑞案：鄭君此注，引今文尚書甫刑篇文。穿窬盜竊罪輕，劫賊傷人罪重，刑法墨輕劓重，嚴氏謂「劓」當作「墨」，「墨」當作「劓」，是也。古文尚書「劓刖椓黥」，「刖」俗譌「刵」，從王引之説改正。説文引周書作「刖劓斀黥」。夏侯等書作「臏、宫割、劓俗譌「臏宫劓割」，從王引之説改正。頭庶剠」，是古文作「刖」，今文作「臏」之明證。漢書刑法志，白虎通五刑篇皆從今文作「臏」。鄭注周禮司刑云「臏辟」不云「剕辟」，亦從今文尚書也。孝經本今文説，引甫刑不作吕刑，是其證。緯書多同今文，鄭注孝經如社稷、明堂、大典禮，皆從孝經緯文，是鄭君用今文説作注。此注云「臏、宫割」，與夏侯等書作「臏、宫割」正合，則此注乃用今尚書甫刑篇無疑。鄭注古周禮猶引用伏生大傳，豈有注今孝經反用古文尚書者哉！鄭用今文尚書，而此注與伏生大傳不盡同者，蓋鄭别有所本，疑即本漢律文。漢興，高祖入關，約法三章曰：「殺人者死，傷人及盜抵罪。」鄭云「手殺人者大辟」，即「殺人者死」也；「劫賊傷人」與「穿窬盜竊」，即「傷人及盜」也。「劫賊傷人者劓」，與伏傳「姦軌盜攘傷人者，其刑劓」合，但少「觸易君命，革輿服制度」一語。

〔一〕「臏」，白虎通原文作「腓」。

「男女不以禮交者，宮割」，與伏傳同。「壞人垣牆，開人關闟者，臏」，亦與伏傳「決關梁、踰城郭而略盜者，其刑臏」相近，惟伏傳云：「非事而事之，出入不以道義，而誦不詳之辭者，其刑墨；降畔、寇賊、刼略、奪攘、撟虔者，其刑死」，此注不盡用其義耳，並未嘗截然不合也。伏傳五刑之目，或出古法家言。蕭何攈秦法作律九章，不必盡與之合，故鄭君此注與周禮注又有異同。鄭注禮箋詩，前後不同者甚多，不當以此致疑。陸氏疑其與周禮注不同，固屬一孔之見，嚴氏不考今古文異同之義，乃云鄭用古文，亦未免强作解事。鄭注周禮云：「此二千五百罪之目略也，其刑書則亡。」謂刑書亡，而二千五百之條所以用刑者不可盡知，故僅存此二千五百之目略，非謂並此五刑之目略亦不可知，故鄭君不敢以此注尚書也。嚴説殊誤。周禮疏引孝經緯云：「上罪墨蒙赭衣雜屨，中罪赭衣雜屨，下罪雜屨而已。」緯説解五刑篇之文，與伏生大傳「上刑赭衣不純，中刑雜屨，下刑墨蒙」略同，是孝經緯用今文説之證也。

而罪莫大於不孝。要君者無上，【注】事君，先事而後食祿，今反要之，此無尊上之道。治要。非聖人者無法，【注】非侮聖人者，不可法。治要。非孝者無親。【注】已不自孝，又非他人爲孝，嚴可均曰：「釋文作『人行者』，一本作『非孝行』。合二本訂之，或此當云『又非他人行孝者』。」不可親。治要。此大亂之道也。」【注】事君不忠，侮聖人言，非孝者，大亂之道也。治要。

疏曰：「罪莫大於不孝」，鄭無明文。據周禮掌戮「凡殺其親者焚之」，鄭注：「焚，燒也。易曰：『焚如，死如，棄如。』」疏引鄭易注曰：「震爲長子，爻失正，不知其所如，不孝之罪，五刑莫大焉，得用議貴之辟刑之，若如所犯之罪。焚如，殺其親之刑。死如，殺人之刑也。棄如，流宥之刑也。」又周禮大司徒：「以鄉八刑糾萬民，一曰不孝之刑。」疏云：「一曰不孝之刑者，有不孝於父母者則刑之。孝經不孝不在三千者，深塞逆源，此乃禮之通教。」賈公彦以爲不孝在三千條外，當據鄭注孝經文。五刑三千，極重者不過大辟。鄭云「死如，殺人之刑」，與此注云「手殺人者大辟」正合。若焚如之刑，更重於大辟，當在三千條外，是殺其親者不在五刑三千中矣。邢疏云：「舊注説及謝安、袁宏、王獻之、殷仲文等，皆以不孝之罪，聖人惡之，云在三千條外，此失經之意也。案上章云：『三者不除，雖日用三牲之養，猶爲不孝。』此承上不孝之後，而云三千之罪莫大於不孝，是因其事而便言之，本無在外之意。案檀弓云：『子弑父，凡在宫者，殺無赦。殺其人，壞其室，洿其宫而豬焉。』既云『學斷斯獄』，則明有條可斷也。」邢引舊説，未知即鄭義否，而據鄭義，不當如邢氏所云也。

注云「事君，先事而後食禄，今反要之，此無尊上之道」者，表記：「子曰：『事君三違而不出竟，則利禄也。人雖曰不要，吾弗信也。』」鄭注：「違，猶去也。『利禄』，言爲貪禄留也。臣以道去君，至於三而不遂去，是貪禄，必以其强與君要也。」注義與禮注略同。

云「非侮聖人者，不可法」者，論語「侮聖人之言」注：「不可小知，故侮之。」疏：「侮聖人之言者，侮謂輕慢，聖人之言不可小知，故小人輕慢之而不行也。」

云「已不自孝，又非他人爲孝，不可親」者，詩既醉：「孝子不匱，永錫爾類。」箋云：「永，長也。孝子之行，非有竭極之時，長以與女之族類，謂廣之以教道天下也。春秋傳曰：『潁考叔，純孝也，施及莊公。』」據此，則能自孝者，必教他人爲孝；而不自孝者，反非他人爲孝，與潁考叔正相反矣。呂覽引商書曰：「刑三百，罪莫大於不孝。」三百，疑三千之誤。風俗通曰：「又有不孝之罪，並編十惡之條。」公羊文十六年傳解詁曰：「無尊上，非聖人，不孝者，斬首梟之。」

廣要道章第十二

子曰：「教民親愛，莫善於孝。教民禮順，莫善於悌。【注】人行之次也。釋文。移風易俗，莫善於樂。【注】夫樂者，感人情者也。「者也」二字，依釋文加。樂正則心正，樂淫則心淫也。治要。惡鄭聲之亂雅樂也。釋文上闕。安上治民，莫善於禮。【注】上好禮，則民易使也。治要，釋文。

疏曰：鄭注云：「人行之次也」者，大戴禮衛將軍文子篇：「孔子曰：『孝，德之始也；弟，德之序也。』」次與序義近，孝爲德之始，而悌之德次於孝。孝經本言孝，而次即言悌，故曰：「人行之次也。」云「夫樂者，感人情者也。樂正則心正，樂淫則心淫也」者，樂記：「樂者，音之所由生也。其本在人心之感於物也。是故其哀心感者，其聲噍以殺；其樂心感者，其聲嘽以緩；其喜心感者，其聲發以散；其怒心感者，其聲粗以厲；其敬心感者，其聲直以廉；其愛心感者，其聲和以柔。六者非性也，感於物而後動。」又曰：「樂也者，聖人之所樂也，而可以善民心。其感人深，其移風易俗，故先王著其教焉。夫民有血氣心知之性，而無哀樂喜怒之常，應感起物而動，然後心術形焉。是故志微、噍殺之音作，而民思憂。嘽諧、慢易、繁文、簡節之音作，而民康樂。粗厲、猛起、奮末、廣賁之音作，而民剛毅。廉直、勁正、莊誠之音作，而民肅敬。寬裕、肉好、順成、和動之音作，而民慈愛。流辟、邪散、狄成、滌濫之音作，而民淫亂。」皆與鄭義相發明。

云「惡鄭聲之亂雅樂也」者，用論語文。鄭聲古説有二，樂記疏引異義：「今論語説鄭國之爲俗，有溱、洧之水，男女聚會，謳歌相感，故云鄭聲淫。左氏説『煩手淫聲』，謂之鄭聲者，言煩手躑躅之聲，使淫過矣。許君謹案：鄭詩二十一篇，説婦人者十九，故鄭聲淫也。」疏云：「鄭駁無，從許義。」案：鄭云樂淫心淫，又引以爲移風易俗之證，當同許義，以鄭爲鄭國也。白帖引通義云：「鄭國有溱、洧之水，會聚謳歌相感，今鄭詩二十一篇，説婦人者十九，故鄭聲淫也。」又云：「鄭重之音使人淫故也。」白虎通禮樂篇云：「孔子曰『鄭聲淫』何？鄭國土地民人，山居谷浴，男女錯雜，爲鄭聲以相誘悦懌，故邪僻，聲皆淫色之聲也。」是劉子政、班孟堅皆主鄭國之説，故鄭君亦主之。

云「上好禮，則民易使也」者，論語文。曲禮曰：「君臣、上下、父子、兄弟，非禮不定；班朝、治軍、涖官、行法，非禮威嚴不行。」故「安上治民，莫善於禮」矣。

風俗通序引孝經「移風易俗」二句。續漢書、蔡邕禮樂志亦引之。漢書禮樂志、白虎通禮樂篇、吕氏春秋仲春紀高注、徐幹中論藝紀，皆引「安上治民，莫善於禮；移風易俗，莫善於樂」。禮在樂上，與經文異，惟劉向說苑修文引「孔子曰：『移風易俗』」四句，與經同。漢志與王吉傳皆引「安上治民」二句。

禮者，敬而已矣。【注】敬者，禮之本，有何加焉？治要。故敬其父則子說，治要作悅，今依釋文，下皆同。敬其兄則弟說，敬其君則臣說，敬一人而千萬人說。【注】盡禮以事。釋文語未竟。所敬者寡而所說者衆，【注】所敬一人，是其少；千萬人說，是其衆。治要。此之謂要道也。」【注】孝弟以教之，禮樂以化之，此謂要道也。治要。

疏曰：鄭注云：「敬者，禮之本」者，曲禮曰：「毋不敬。」鄭注：「禮主於敬。」疏曰：「孝經云：『禮者，敬而已矣』是也。鄭目録云：『曲禮之中，體含五禮』，皆〔一〕云『曲禮曰：毋不敬』，則五禮皆須敬，故鄭云『禮主於敬』。然五禮皆以拜爲敬禮，則祭極敬、主人拜尸之類，是吉禮須敬也。拜而後稽顙之類，是凶禮須敬也。主人拜迎賓之類，是賓禮須敬也。軍中之拜肅拜之類，是軍禮須敬也。冠昏飲酒，皆有賓主拜答之類，是嘉禮須敬也。兵車不式，乘玉路不式，鄭云『大事不崇曲敬者』，謂敬天神及軍之大事，故不崇曲小之敬。熊氏以爲唯此不敬者，恐義不然也。」鄭云「盡禮以事」，文不完，當即下章注云「父事三老，兄事五

〔一〕「皆」，禮記正義原文作「今」。

更，郊則君事天，廟則君事尸」之禮，蓋言天子敬人之父，敬人之兄，敬人之君，惟此等禮有之。至德、要道兩章義本相通也。

云「所敬一人，是其少；千萬人説，是其衆」者，承上文「敬一人而千萬人説」而言，鄭意蓋屬泛論。舊注依孔傳云：「一人謂父、兄、君，千萬人謂子、弟、臣。」鄭意似不然也。

云「孝弟以教之，禮樂以化之，此謂要道也」者，鄭以要道屬禮樂，此章主廣要道，鄭必兼言孝弟者，以二章義相通，經言敬父、敬兄，仍是孝弟中事故也。

廣至德章第十三

子曰：「君子之教以孝也，非家至而日見之也。【注】言教，此二字依明皇注加。正義云：「此依鄭注也。」非門到戶至而日見而語此二字依明皇注加。正義云：「此依鄭注也。」釋文有「語之」二字。之也。文選庾亮讓中書令表注，又任昉齊景陵王行狀注。但行孝於內，流化於外也。治要。

疏曰：鄭注以「門到戶至」解「家至」，以「日見而語」解「日見」，所以補明經義。鄉飲酒義曰：「君子之所謂孝者，非家至而日見之也。」漢書匡衡傳云：「教化之流，非家至而人說之也。」與此經意同。云「但行孝於內，流化於外也」者，邢疏云：「祭義所謂孝悌發諸朝廷，行乎道路，至乎閭巷，是流於外。」又云：「祭義曰：『祀乎明堂，所以教諸侯之孝也。食三老五更於太學，所以教諸侯之悌也。』此即所謂發諸朝廷，至乎州里是也。」

教以孝，所以敬天下之爲人父者也。【注】天子父事三老，所以敬天下老也。治要。教以悌，所以敬天下之爲人兄者也。【注】天子兄事五更，所以教天下悌也。治要。教以臣，所以敬天下之爲人君者也。【注】天子郊則君事天，廟則君事尸，所以教天下臣。治要。

疏曰：鄭注云：「天子父事三老，所以敬天下老也；天子兄事五更，所以教天下悌也」者，援神契曰：「天子親臨雍袒割，尊事三老，兄事五更。三者，道成於三；五者，訓於五品，言其能善教已也。三老、五更，皆取有妻、男女完具者。尊三老者，父象也。謁者奉几，安車輭輪，供綏執事。五更，寵以度，接禮交容，謙恭順貌。王於養老燕之末命諸侯，諸侯歸各帥於國，大夫勤於朝，州里驅於邑。」此孝經緯説事三老五更，教孝悌之義也。樂記：「食三老、五更於大學，天子袒而割牲，執醬而饋，執爵而酳，冕而總干，所以教諸侯之弟也。」文王世子曰：「遂設三老、五更、群老之席位焉。」白虎通鄉射篇曰：「王者父事三老，兄事五更者何？欲陳孝弟之德以示天下也。」下引援神契文。公羊桓四年傳解詁曰：「是以王者父事三老，兄事五更，食之於辟雍，天子親袒割牲，執醬而饋，執爵而酳，冕而總干，率民之至。」意亦略同。鄭注文王世子云：「天子以三老五更，父兄養之，示天下以孝弟也。」又引援神契文爲教天下之事，是鄭解孝經用援神契之證。邢疏乃曰：「舊注用應劭漢官儀云『天子無父，父事三老，兄事五更』，乃以事父事兄爲教孝悌之禮。案禮，教敬自有明文，假令天子事三老蓋同庶人『倍年以長』之敬，本非教孝子之事，今所不取也。」邢氏蓋泥於祭義教弟之文，以爲事三老亦是教弟，無關教孝。案：祭義疏曰：「孝經『雖天子必有父』也，注『謂養老也』。父，謂君老也。此非廣至德章注，然義正可相足。臧氏云：「君老，三老之謁。」此食三老而屬弟者，以上文『祀文王於明堂』爲孝，故以食三老五更爲弟，文有所對也。」然則祭義之文，不必泥。邢氏所疑，孔疏早已解之。援神契、白虎通皆曰：「尊三老者，父象也。」白虎通又曰：「既以父事，父一而已。」譙周五經然否論曰：「漢中興，定禮儀，群臣欲令三老答拜。城門校尉董鈞駁曰：『養三老，所以教事父之道。若答拜，是使天下答子拜也。』詔從鈞議。」是古說皆謂父事三老以教孝，非但同倍年以長之敬。明皇注於鄭引古禮以解經者，皆刊落之，專以空言解經，實爲宋、明以來作俑。邢疏依阿唐注，排斥古義，是其蔽也。

注云「天子郊則君事天，廟則君事尸，所以教天下臣」者，御覽引中候運期篇曰：「帝堯刻璧，率群臣東沈於洛。書曰：『天子臣放勳，德薄，施行不元。』鄭注：『元，善也』。」白虎通號篇亦引中候曰：「天子臣放勳。」〔一〕曲禮云：「君前臣名。」據中候言，堯告天稱臣稱名，是天子君事天之證。然則郊天之禮，亦必自稱臣而君事天矣。祭統曰：「君迎牲而不迎尸，別嫌也。尸在廟門外，則疑於臣；在廟中，則全於君。君在廟門外，則疑於君；入廟門，則全於臣、全於子，是故不出者，明君臣之義也。」鄭注：「不迎尸者，欲全其尊

〔一〕按：此處應出自白虎通爵篇。

也。尸，神象也。鬼神之尊在廟中，人君之尊出廟門則伸。」又云：「天子諸侯之祭，朝事延尸於戶外，是以有北面事尸之禮。」案：天子無臣人之事，鄭引「事天」、「事尸」解之，最塙。劉炫引禮運曰：「故先王患禮之不達於下也，故祭帝於郊。」謂郊祭之禮，册祝稱臣，正本鄭義。邢氏引祭義「朝覲所以教諸侯之臣也」以解注，其説殊疏。禮記疏引鉤命決曰：「暫所不臣者，謂師也，三老也，五更也，祭尸也，大將軍也。此五者，天子諸侯同也。」鄭以三老、五更、祭尸並舉，正用鉤命決之義。曾子本孝：「任善不敢臣三德。」盧注謂：「王者之孝，三德，三老也。」白虎通曰：『不臣三老，崇孝。』」

詩云：『愷悌君子，民之父母。』【注】以上三者教於天下，真民之父母。治要。非至德，其孰能順民如此其大者乎？」【注】至德之君能行此三者，教於天下也。治要。

疏曰：鄭注云：「以此〔一〕三者教於天下」，又云「至德之君能行此三者，教於天下也」者，承上教孝、教悌、教臣而言，申明孝弟爲至德之義。邢疏云：「按禮記表記稱：『子言之：「君子所謂仁者，其難乎？詩云：『愷悌君子，民之父母。』愷以强教之，悌以説安之。使民有父之尊，有母之親，如此而後可以爲民父母

〔一〕按：「此」應作「上」。

矣，非至德其孰能如此乎？」』此章於『孰能』下加『順民』，『如此』下加『其大』者，與表記爲異，其大意不殊。而皇侃以爲并結要道、至德兩章，或失經旨也。劉炫以爲詩美民之父母，證君之行教，未證至德之大，故於詩下別起歎辭，所以異於餘章，頗近之矣。」案：鄭以三者爲至德，則此文非并結兩章，當如劉説，不當如皇説。

廣揚名章第十四

子曰：「君子之事親孝故忠，可移於君。【注】以孝事君則忠。明皇注。正義云：「此依鄭注也。」欲求忠臣出孝子之門，故可移於君。治要。事兄悌故順，可移於長。【注】以敬事兄則順，故可移於長也。治要。居家理故治，可移於官。【注】君子所居則化，所在則治，故可移於官也。治要。是以行成於内，而名立於後世矣。」【注】修上三德於内，名自傳於後世。明皇注。正義云：「此依鄭注也。」「世」字明皇注作「代」，避諱。今改復。

疏曰：明皇此章注用鄭義。邢疏曰：「此夫子廣述揚名之義。言君子之事親能孝者，故資孝爲忠，可移孝行以事君也。事父〔一〕能悌者，故資悌爲順，可移悌行以事長也。居家能理者，故資治爲政，可移於績以施於官

〔一〕按：「父」應作「兄」。

也。是以君子居能以此善行成之於内，則令名立於身没之後也。」又解注曰：「三德，則上章云移孝以事於君，移悌以事於長，移理以施於官也。言此三德不失，則其令名常自傳於後世。經云『立』而注爲『傳』者，立謂常有之名，傳謂不絕之稱。但能不絕，即是常有之行，故以傳釋立也。」錫瑞案：此章文義易解，邢疏解經注亦明，然其中有可疑者。邢氏云：「先儒以爲『居家理』下闕一『故』字，御注加之。」是唐以前古本無此「故」字矣。而釋文云：「讀居家理故治，絕句。」陸氏在明皇之前，何以其所據本已有「故」字，與邢氏說不合？且鄭引士章「以孝事君則忠，以敬事長則順」解此經文，下云「故可移於君」，「故可移於長也」，則鄭君讀此經，當以「君子之事親孝故忠」句，「可移於君」句，「事兄悌故順」句，「可移於長」句，下二句準此。俗讀以孝字、悌字、理字絕句，非是。陸氏據鄭注本作釋文，乃不於前四句發明句讀，云當讀從忠字、順字絕句而發之於後，獨繫於「居家理故治」之下，豈謂惟此句當從治字絕句，上二句不當從忠字、順字絕句乎？疑此當如邢氏之說，古本無此「故」字，釋文亦本無之，當作「居家理治」。陸氏見此句少一「故」字，與上二句文法有異，恐人讀此有誤，故特發明句讀。鄭注云「君子所居則化，所在則治」，理、治是一事，不分兩項，與上孝、忠、悌、順當分兩項者不同，中間本不必用「故」字。古人文法非必一律，明皇見此句少一「故」字，乃以意增足之，與經旨、鄭意皆不相符。後人又因明皇之注於釋文讀「居家理治」絕句，亦加一「故」字，其齟齬不合之處尚可考見，鄭意亦可推而得矣。曾子立孝：「是故未有君而忠臣可知者，孝子之謂也。未有長而順下可知者，弟弟之謂也。未有治而能仕可知者，先脩之謂也。」與此經相發明。

諫争章第十五

曾子曰：「若夫慈愛恭敬、安親揚名則聞命矣，敢問子從父之令，可謂孝乎？」子曰：「是何言與，是何言與？【注】孔子欲見諫爭之端。釋文。

疏曰：此章首數句義，鄭注不傳。邢疏云：「或曰：慈者接下之别名，愛者奉上之通稱。劉炫引禮記内則説：『子事父母「慈以旨甘」，喪服四制云高宗「慈良於喪」，莊子曰「事親則孝慈」，此竝施於事上。夫愛出於内，慈爲愛體；敬生於心，恭爲敬貌。此經悉陳事親之迹，寧有接下之文？夫子據心而爲言，所以唯稱愛敬；曾參體貌而兼取，所以并舉慈恭。』如劉炫此言，則知慈是愛親也，恭是敬親也。『安親』則上章云『故生則親安之』，『揚名』即上章云『揚名於後世矣』。」案：此説甚諦，可補鄭義。鄭注云「孔子欲見諫爭之端」者，鄭意以孔子此言非斥曾子，欲發子當諫爭之端耳。

昔者天子有爭臣七人，雖無道，不失其天下。釋文無「其」字，云本或作「不失其天下」，「其」衍字耳。嚴可均曰：「按：今世行本，自開成石經以下，皆有『其』字，唯石臺本無。」葉德輝曰：「唐武后臣軌匡諫章引孝經曰：『天子有諍臣七人，雖無道，不失天下。』亦無『其』字。又『爭』作『諍』，據下引『諍於父』、『諍於君』，是鄭本作『諍』，其無『其』字者，即鄭注本也。」錫瑞案：「白虎通、家語引經，亦作『諍』。」【注】七人者，謂太師、太保、太傅、嚴可均曰：「按後漢劉瑜傳注，作『謂三公』，約文也。」左輔、右弼、前後疑丞[一]，維持王者，使不危殆。治要。

疏曰：鄭注云「七人者，謂太師、太保、太傅、左輔、右弼、前後疑丞[二]，維持王者，使不危殆」者，邢疏云：「孔、鄭二注及先儒所傳，並引禮記文王世子以解七人之數。按文王世子記曰：『虞、夏、商、周有師保、有疑丞，設四輔及三公，不必備，惟其人。』又尚書大傳曰：『古者天子必有四鄰，前曰疑、後曰丞、左曰輔、右曰弼。天子有問無以對，責之疑；可志而不志，責之丞；可正而不正，責之輔；可揚而不揚，責之弼。其爵視卿，其祿視次國之君。』大傳『四鄰』則記之『四輔』，兼三公，以充七人之數。」案：鄭以三公四輔爲七人，古義如是。白虎通諫諍篇引此經「天子有諍臣七人」至「則身不陷於不義」，云：「天子置左輔、

[一] 按：此處應作「前疑、後丞」。
[二] 同上。

右弼、前疑、後丞。左輔主修政，刺不法。右弼主糾害，言失傾。前疑主糾度，定德經。後丞主匡正，常考變失。四弼興道，率主行仁。夫陽變於七，以三成，故建三公，序四諍，列七人，雖無道，不失天下，杖群賢也。」與鄭注合。王肅注家語云：「天子有三公四輔，主諫諍，以救其過失也。」亦同鄭義。荀子臣道篇、賈子保傅篇、大戴保傅篇、説苑臣術篇皆列四輔之文，但有小異。列子、莊子皆有「舜問乎丞」之語，丞即四輔之一。漢書霍光傳、王嘉傳皆引此經。

諸侯有争臣五人，雖無道，不失其國。大夫有争臣三人，雖無道，不失其家。【注】尊卑輔善，未聞其官。治要。士有争友，則身不離於令名。【注】令，善也。士卑無臣，故以賢友助己。治要。父有争子，則身不陷於不義。【注】父失則諫，故免陷於不義。明皇注。正義云：「此依鄭注也。」

疏曰：鄭注云：「尊卑輔善，未聞其官」者，邢疏云：「諸侯五者，孔傳指天子所命之孤及三卿與上大夫，王肅指三卿、内史、外史，以充五人之數。大夫三者，孔傳指家相、室老、側室，以充三人之數，王肅無側室而謂邑宰。斯竝以意解説，恐非經義。劉炫云：『案下文「云子不可以不争於父，臣不可以不争於君」，則爲子、爲臣皆當諫争，豈獨大臣當争，小臣不争乎？豈獨長子當争其父，衆子不争者乎？若父有十子皆得諫爭，王有百辟惟許七人，是天子之佐乃少於匹夫也。又案洛誥云成王謂周公曰「誕保文、武受民，亂爲四輔」，冏命穆王命伯冏「惟予一人無良，實賴左右前後有位之士匡其不及」，據此而言，則「左右前後」，四輔之謂也。疑、丞、輔、弼當指於諸臣，非是別立官也。謹案：周禮不列疑、丞，周官歷叙群司，顧命總名卿士，左傳云「龍師」、「鳥紀」，曲禮云「五官」、「六太」，無言疑、丞、輔、弼專掌諫爭者。若使爵視於卿、祿比次國，周禮何以不載，經傳何以無文？且伏生大傳以「四輔」解爲四鄰，孔注尚書以「四鄰」爲前後左右之臣，而不爲疑、丞、輔、弼，安得又采其説也？左傳稱昔「周辛甲之爲太史也，命百官官箴王闕」，師曠説匡諫之事，「史爲書，瞽爲詩，工誦箴諫，大夫規誨，士傳言。官師相規，工執藝事以諫」，此則凡在人臣皆合諫也。夫子言天子有天下之廣，七人則足，以見諫爭功之大，故舉少以言之也。然父有爭子、士有爭友，雖無定數，要一人爲率。自下而上稍增二人，則從上而下，當如禮之降殺，故舉七、五、三人也。』劉炫之讜義雜合通途，何者？傳載：忠言比於藥石，逆耳苦口，隨要而施。若指不備之員以匡無道之主，欲求不失，其可得乎？先儒所論，今不取也。」錫瑞案：鄭云未聞其官，則孔、王之説皆所不用。蓋天子三公四輔明見經傳，諸侯大夫無文可知，鄭君不以意説，足見矜慎。若劉炫並不信四輔之説，又不考經傳，專據僞古文尚書、僞孔傳之文，苟異先儒，大可嗤笑。夫論人臣進言之義，人人皆當諫爭，而論人君設官之義，諫爭必有專責。後世廷臣皆可進諫，又必專設諫官，即是此意。七人爲三公四輔，舉其重者而言，豈謂天子之朝惟此七人可以進諫，其餘皆同立仗馬乎？劉氏不知此義，乃以人數多少屑屑計較，謂不獨長子當爭其父，父有十子，是天子之佐少於匹夫；又謂父有争子，雖無定數，要一人爲率，前後矛盾，甚不可通。且如其言，則不但先儒注解爲非，即夫子所言已屬不當矣。凡妄詆古注，其弊必至疑經。邢氏稱爲讜義，殊爲無識。

注又云：「令，善也。士卑無臣，故以賢友助己」者，鄭注儀禮喪服，亦云「士卑無臣」。又注周禮司裘云：「士不大射。士無臣，祭無所擇。」疏引孝經云：「天子、諸侯、大夫皆言爭臣，士則言爭友，是無臣也。」

云「義〔二〕失則諫，故免陷於不義」者，邢疏曰：「内則云：『父母有過，下氣怡色柔聲以諫。諫若不入，起敬起孝，説則復諫。』曲禮曰：『子之事親也，三諫而不聽，則號泣而隨之』，言父有非，故須諫之以正道，庶免陷於不義也。」案曾子本孝篇曰：「君子之孝也，以正致諫。」又曰：「故孝子之於親也，生則以義輔之。」立孝篇曰：「微諫不倦，聽從不怠，懽欣忠信，咎故不生，可謂孝矣。」大孝篇曰：「君子之所謂孝者，先意承志，諭父母以道。」又曰：「父母有過，諫而不逆。」事父母篇曰：「父母之行若中道，則從；若不中道，則諫。從而不諫，非孝也；諫而不從，亦非孝也。」此曾子用孝經之義言爭子之道也。白虎通三綱六紀篇引孝經曰：「父有爭子，則身不陷於不義。」荀子子道篇：「魯哀公問於孔子曰：『子從父命，孝乎？臣從君命，

〔二〕 按：此處當作「父」。

貞乎？』三問，孔子不對。孔子趨出，以語子貢曰：『鄉者，君問丘也曰：子從父命，孝乎？臣從君命，貞乎？三問而丘不對，賜以爲何如？』子貢曰：『子從父命，孝矣。臣從君命，貞矣。夫子有奚對焉？』孔子曰：『小人哉！賜不識也！昔萬乘之國有爭臣四人，則封疆不削；千乘之國有爭臣三人，則社稷不危；百乘之家有爭臣二人，則宗廟不毀；父有爭子，不行無禮；士有爭友，不爲不義。故子從父，奚子孝？臣從君，奚臣貞？審其所以從之之謂孝、之謂貞也。』」荀子所言，與此經義同而文略異。家語三恕，則竊取孝經也。

故當不義，則子不可以不爭於父，臣不可以不爭於君。【注】君父有不義，臣子不諫諍，則亡國破家之道也。武后臣軌匡諫章引「鄭玄曰」，又引經作「諍」。故當不義則爭之，從父之令，又焉得爲孝乎？」【注】委曲從父母，善亦從善，惡亦從惡，而心有隱，豈得爲孝乎？治要，臣軌匡諫章引鄭玄曰：「委曲從父母之令，善只爲善，惡只爲惡，又焉得爲孝子也乎？」

疏曰：鄭注云：「君父有不義，臣子不諫諍，則亡國破家之道也」者，孟子曰：「入則無法家拂士，出則無敵國外患者，國恒亡。」內則曰：「與其得罪於鄉黨州閭，寧熟諫。」是不諫諍，則亡國破家之道也。云「委曲從父母，善亦從善，惡亦從惡，而心有隱，豈得爲孝乎」者，檀弓「事親有隱而無犯」，鄭注：

「隱，謂不稱揚其過失也。無犯，不犯顏而諫。論語曰：『事父母，幾諫。』」疏曰：「據親有尋常之過，故無犯。若有大惡，亦當犯顏，故孝經曰『父有爭子，則身不陷於不義』是也。論語曰：『事父母，幾諫。』是尋常之諫也。」孔疏分別甚晰。則此注云「有隱」，與檀弓所云「有隱」似同而實異也。鄭注內則云：「子從父之令，不可謂孝也。」正用此經義。

感應章第十六

子曰：「昔者明王事父孝，故事天明。【注】盡孝於父，則事天明。治要。事母孝，故事地察。【注】盡孝於母，能事地，察其高下、視其分理也。治要「理」作「察」，依釋文改。長幼順，故上下治。【注】卑事於尊，幼事於長，故上下治。治要。天地明察，神明彰矣。【注】事天能明，事地能察，德合天地，可謂彰矣。治要。

疏曰：鄭注云：「盡孝於父，則事天明；盡孝於母，能事地，察其高下、視其分理也」者，鄭君注庶人章「因天之道，分地之利」曰：「順四時以奉事天道，分別五土，視其高下，……此分地之利。」注三才章「則天之明，因地之利」曰：「視天四時，無失其早晚也。因地高下，所宜何等。」是鄭解孝經所云天地，皆以時行物生，山川高下爲言。此注云「高下」、「分理」，正與庶人、三才兩章注義相合，則其解「事天明」，亦必以四時爲訓。今所傳注文不完也。邢疏引易說卦云：「乾爲天爲父，是事父之道通於天；坤爲地爲母，是事母之道通於地。」又引白虎通云：「王者父天母地」，説皆有據，而與鄭君之義未合。明皇注以「敬事宗廟」爲説，更非經旨。經於下文乃言宗廟，此事父母，當指生者而言，不必是事死者也。

云「卑事於尊，幼事於長」者，以經但言「長幼順」，未言幼事長之義，故以此文補明經旨。經言長幼者，爲下「言有兄也」及「孝悌之至」，兼言悌而言也。

云「德合天地，可謂彰矣」者，易曰：「夫大人者，與天地合其德。」中庸曰：「辟如天地之無不持載，無不覆幬。」此「德合天地」之義。鄭言「德合天地」，則神明彰。漢書郊祀志曰：「明王聖主，事天明，事地察。天地明察，神明章矣。天地以王者爲主，故聖王制祭天地之禮必於國郊。」亦以「神明彰」承事天、事地言之，與鄭義合，不必如明皇注云「感至誠，降福佑」，乃足爲彰也。

繁露堯舜不擅和湯武不專殺篇引孝經之語曰：「『事父孝故事天明』，事天與父同禮也。」

故雖天子必有尊也，言有父也；【注】謂養老也。禮記祭義正義。雖貴爲天子，必有所尊，事之若父者，三老是也。治要，禮記祭義正義，北堂書鈔原本八十三養老。必有先也，言有兄也。【注】必有所先，事之若兄者，五更是也。治要。

疏曰：鄭注云：「雖貴爲天子，必有所尊，事之若父者，三老是也。必有所先，事之若兄者，五更是也」者，白虎通鄉射篇曰：「王者父事三老，兄事五更者何？欲陳孝弟之德，以示天下也。故雖天子必有尊也，言有父也；必有先也，言有兄也。」是古説以此經爲父事三老、兄事五更之義，鄭君之所本也。祭義曰：「至孝近乎王，雖天子必有父；至弟近乎霸，雖諸侯必有兄。」鄭注：「天子有所父事，諸侯有所兄事，謂若三老五更也。」疏云：「天子、諸侯俱有養老之禮，皆事三老五更，故文王世子注『三老如賓，五更如介』。但天子尊，故以父事屬之；諸侯卑，故以兄事屬之。」案：天子、諸侯皆養老，故皆有父事、兄事之義。禮記析而舉之，此經專據天子言耳。繁露爲人者天篇引「雖天子，必有尊也，教以孝也；必有先也，教以弟也。」

宗廟致敬，不忘親也；【注】設宗廟，四時齊戒以祭之，不忘其親。治要。修身慎行，恐辱先也。【注】修身者，不敢毀傷；慎行者，不歷危殆，常恐其辱先也。治要。宗廟致敬，鬼神著矣。【注】事生者易，事死者難，聖人慎之，故重其文也。治要。

疏曰：鄭注云：「設宗廟，四時齊戒以祭之，不忘其親」者，鄭君注卿大夫章云：「宗，尊也。廟，貌也。親雖亡没，事之若生，爲作宗廟，四時祭之，若見鬼神之容貌。」又注紀孝行章云：「齊必變食，居必遷坐，敬忌踧踖，若親存也。」皆與此注互相發明。

云「修身者，不敢毀傷；慎行者，不歷危殆，常恐其辱先也」者，「不敢毀傷」，見開宗明義章。曲禮曰：「爲人子者，不登高，不臨深，不苟訾，不苟笑。」鄭注：「爲其近危辱也。」又曰：「孝子不服闇，不登危，懼辱親也。」祭義曰：「壹舉足而不敢忘父母，是故道而不徑，舟而不游，不敢以先父母之遺體行殆。」又曰：「不辱其身，不羞其親，可謂孝矣。」此「不歷危殆」與「常恐辱先」之義也。

云「事生者易，事死者難，聖人慎之，故重其文也」者，鄭意以爲上言「宗廟致敬」，此復言「宗廟致敬」，祇是一意，乃必重其文者，正以事生者易、事死者難，聖人慎之，故不惜丁寧反復以申明之。孟子曰：「養生者不足以當大事，惟送死可以當大事。」此事死難於事生之證也。邢疏云：「上言『宗廟致敬』，謂天子尊諸父，先諸兄，致敬祖考，不敢忘其親也。此言『宗廟致敬』，述天子致敬宗廟，能感鬼神，雖同稱致敬，而各有所屬也。舊注以爲『事生者易，事死者難，聖人慎之，故重其文』，今不取也。」邢所云舊注，即鄭注。其所以不取鄭義者，由於解上文「天子必有尊也」四句不從鄭義以爲三老五更，乃解爲「尊諸父、先諸兄」，即在宗廟之中。上言「宗廟致敬」爲敬祖考之允，此言「宗廟致敬」爲感鬼神之歆，其説非也。

呂氏春秋孟秋紀注引孝經曰：「四時祭祀，不忘親也。」高誘兼引下章「春、秋祭祀」之義而約舉之。又孝行覽注引「修身」、「慎行」二句。

孝悌之至，通於神明，光於治要作「于」，各本同，今依石臺本。四海，無所不通。【注】孝至於天，則風雨時；孝至於地，則萬物成；孝至於人，則重譯來貢，故無所不通也。治要。詩云：『自西自東，自南自北，無思不服。』」【注】義取孝道流行，莫不被義從化也。嚴可均曰：「治要作『孝道流行，莫敢不服』，蓋有刪改。今依明皇注。正義云：『此依鄭注也。』明皇作『莫不服』，今依釋文作『莫不被』。」

疏曰：鄭注云：「孝至於天，則風雨時；孝至於地，則萬物成」者，鄭君注孝治章「災害不生」曰：「風雨順時，百穀成孰。」此云「風雨時」、「萬物成」，以爲孝至天下之應，與孝治章注同。鄭解此經，天、地多以四時、百物言之，此釋經之「通於神明」也。

云「孝至於人，則重譯來貢」者，鄭君注聖治章「四海之內，各以其職來助祭」曰：「周公行孝於朝，越裳重譯來貢。」此與聖治章注同意，以釋經之「光於四海」也。堯典：「光被四海。」傳曰：「光，充也。」孔傳解光爲充，原本古義。「光被」，今文尚書作「横被」，見漢書王襃王莽傳、後漢書馮異張衡傳等處。光、横古同聲通用，皆是充廣之義。祭義曰：「夫孝，置之而塞乎天地，溥之而横乎四海。」經云「通於神明」，鄭注解神明爲天地，即祭義之「塞乎天地」也；經云「光於四海」，即祭義之「横乎四海」也。經云「孝悌之至」，注專言孝，舉其重者耳。尚書大傳略説曰：「天子重鄉養，卜筮巫醫御於前，祝咽祝哽以食。乘車輲輪，胥與就膳徹，送至於家。君如欲有問〔一〕，明日就其室，以珍從，而孝弟之義達於四海。」略説言達四海，承養老言之，與鄭説合。

云「義取孝道流行，莫不被義從化也」者，鄭君箋詩云：「自，由也。武王於鎬京行辟雍之禮，自四方來觀者皆感化其德，心無不歸服者。」疏曰：「既言辟雍，即言四方皆服。明由在辟雍行禮，見其行禮，感其德化，故無不歸服也。辟雍之禮，謂養老以教孝悌也。」案：孔疏以詩言「四方皆服」爲感辟雍養老，教孝悌之德化，甚得詩旨，即可得孝經與注之旨。鄭君又箋詩泮水云：「辟雍者，築土雝水之外，圓如璧，四方來觀者均也。」蓋惟四方來觀者均，是以東西南北，無不被義從化。御覽引新論曰：「王者作圓池如璧形，實水其中，以圓壅之，故曰辟雍。言其上承天地，以班政令，流轉王道，終而復始。」白虎通辟雍篇曰：「辟者，璧也。象璧圓以法天也。雍者，壅之以水，象教化流行也。」皆與鄭合。續漢志注引月令記曰：「水環四周，言王者動作法天地，德廣及四海，方此水也，名曰辟雍。」班固東都賦曰：「辟雍海流，道德之富」，是辟雍水環四面，兼取象於四海水流。祭義言「夫孝置之而塞乎天地，溥之而横乎四海」，即繼之曰：「推而放諸東海而準，推而放諸西海而準，推而放諸南海而準，推而放諸北海而準。」曾子大孝章文與祭義同。下引詩云：「『自西自

〔一〕「君如欲有問」，尚書大傳原文作「君如有欲問」。

東，自南自北，無思不服。』此之謂也。」是東西南北，可指東西南北四海而言。此經於「通於神明，光於四海」之下，亦即引此詩以證。然則東西南北，四方無不服，亦可云東西南北，四海無不服矣。蔡邕明堂月令論曰：「取其堂，則曰明堂；取其四門之學，則曰太學；取其四面周水圓如璧，則曰辟雍。……易傳太初篇曰：『太〔二〕子旦入東學，晝入南學，莫入西學，當作「晡入西學，莫入北學」。在中央曰太學，天子之所自學也。』禮記保傅篇曰：『帝入東學，上親而貴仁；入西學，上賢而貴德；入南學，上齒而貴信；入北學，上貴而尊爵；入太學，承師而問道。』與易傳同。魏文侯孝經傳曰：『太學者，中學明堂之位也。』禮記古大明堂之禮曰：『膳夫是相禮，日中出南闈，見九侯門子；日側出西闈，視五國之事；日闇出北闈，視帝節猶。』爾雅曰：『宮中之門謂之闈。』王居明堂之禮，又別陰陽門。南門稱門，西門稱闈。故周官有門闈之學，師氏教以三德守王門，保氏教以六藝守王闈。然則師氏居東門、南門，保氏居西門、北門也。知掌教國子，與易傳、保傅、王居明堂之禮參相發明，爲學四焉。禮記曰：『祀乎明堂，所以教諸侯之孝也。』孝經曰：『孝悌之至，通於神明，光於四海，無所不通。詩云：「自西自東，自南自北，無思不服。」』言行孝者則曰明堂，行悌者則曰太學，故孝經合以爲一義，而稱鎬京之詩以明之。凡此皆明堂、太室、辟雍、太學事通文合之義也。」案：古說以明堂、辟雍、太學爲一，見聖治章，蔡氏引此經以明之，與鄭君說少異。鄭以辟雍、太學爲一，不以辟

〔二〕「太」，明堂月令論原文作「天」。

雍、太學與明堂爲一。漢立明堂、辟雍、靈臺分三處，謂之三雍。後漢紀注引漢官儀曰：「辟雍去明堂三百步」，鄭君以漢制説古制，故疑不在一處。然按之經義，蔡説近是。學記曰：「家有塾。」尚書大傳曰：「距冬至四十五日，始出學傳農事。上老平明坐於右塾，庶老坐於左塾。」是古人教學在門堂之塾。明堂有四門，又有四學，四學即在四門之堂。詩云東西南北，可以四門、四學解之，即蔡氏所云東門、西門、南門、北門，與東學、西學、南學、北學也。辟雍四面有水，取四方來觀者均。然則辟雍即成均與惠棟明堂大道録云：「明堂四門之外有四學，總名曰辟雍。文王有聲曰：『鎬京辟廱，自西自東，自南自北，無思不服。』此西東南北，即指四門。」惠氏引此詩以證明堂四門，其説明通，然未知四學在四門之塾，而以爲四門之外，義猶未塙。聖治章言嚴父配天之義，即引明堂配帝之文。明堂以祀天爲最重，故曰「明堂」，取神明之義。桓譚新論曰：「天稱明，故命曰明堂。」此經言「昔者明王事父孝，故事天明」，其義亦可通於明堂，以明堂與辟雍、太學爲一，其説信可據矣。

事君章第十七

子曰：「君子之事上也，【注】上陳諫諍之義畢，欲見釋文，下闕。進思盡忠，【注】死君之難，爲盡忠。釋文，文選曹子建三良詩注。退思補過，

疏曰：鄭注不全，其意蓋謂上章惟陳諫諍之義，未及盡言事君之道，故於此章見之也。進思二句，注亦不全。邢疏曰：「按舊注，韋昭云『退歸私室則思補其身過』，以禮記少儀曰：『朝廷曰退，燕遊曰歸』，左傳引詩曰：『退食自公』，杜預注：『臣自公門而退入私門，無不順禮。』室猶家也。謂退朝理公事畢而還家之時，則當思慮以補身之過。故國語曰：『士朝而受業，晝而講貫，夕而習復，夜而計過，無憾而後即安。』言若有憾，則不能安，是思自補也。按左傳，晉荀林父爲楚所敗，歸，請死於晉侯。晉侯許之，士渥濁諫曰：『林父之事君也，進思盡忠，退思補過。』晉侯赦之，使復其位。是其義也，文意正與此同，故注依此傳文而釋之。今云『君有過則思補益』，出制旨也。」據邢疏，則以補過屬君之過，始於明皇之注。案：左傳疏曰：「孝經有

此二句，孔安國云：『進見於君，則必竭其忠貞之節，以圖國事。直道正辭，有犯無隱。退還所職，思其事宜。獻可替否，以補王過。』此孔意進謂見君，退謂還私職也。」然則明皇之注本於孔傳，亦非意造，但不如舊注之安。鄭君注聖治章「進退可度」云：「難進而盡忠，易退而補過。」是鄭以補過爲補身過，與舊注同。

云「死君之難爲盡忠」者，公羊莊二十六年傳「曷爲衆殺之？不死于曹君者也」，何氏解詁曰：「曹諸大夫與君皆敵戎戰，曹伯爲戎所殺，諸大夫不伏節死義，獨退求生，後嗣子立而誅之。春秋以爲得其罪，故衆略之不名。」是春秋之義，臣當死君之難。左氏傳曰：「君爲社稷死，則死之。」其書殉君難者，皆以「死之」爲文。此死君難，爲盡忠之義也。白虎通諫諍篇引「事君，進思盡忠，退思補過」。史記管晏列傳亦引之。

將順其美，【注】善則稱君，臣軌公正章注引「鄭玄曰」。匡救其惡，【注】過則稱己也。臣軌公正章注引「鄭玄曰」。故上下能相親也。【注】君臣同心，故能相親。治要。詩云：『心乎愛矣，遐不謂矣。中心臧之，何日忘之？』」嚴本作「藏」。錫瑞案：「鄭君詩箋作『臧』字解，其所據本當作『臧』。今改正。」

疏曰：鄭注云：「善則稱君，過則稱己也」者，用坊記文。

云「君臣同心，故能相親」者，白虎通諫諍篇曰：「所以爲君隱惡何？君至尊，故設輔弼，置諫官，本不當有遺失。論語曰：『陳司敗問昭公知禮乎？』孔子曰：『知禮。』此爲君隱也。」「故孝經曰：『將順其美，匡救其惡，故上下能相親也。』」白虎通引此經爲爲君隱惡之證，與鄭云「過則稱已」義合。史記管晏列傳亦引之。

此經引詩，鄭注不傳。鄭箋隰桑詩云：「遐，遠。謂，勤。藏，善也。我心愛此君子，君子雖遠在野，豈能不勤思之乎？宜思之也。我心善此君子，又誠不能忘也。孔子曰：『愛之能勿勞乎？忠焉能勿誨乎？』」鄭訓「藏」爲「善」，是鄭所據本作「臧」，鄭本孝經，亦當作「臧」不作「藏」也。鄭訓「謂」爲「勤」，本釋詁文。詩摽有梅：「迨其謂之」，箋亦訓爲「勤」。「勤」與「勞」義近，故引論語之文。愛勞，忠誨，是一義。古義以爲人臣盡忠納誠，白虎通諫諍篇曰：「臣所以有諫君之義何？盡忠納誠也。論語曰：『愛之能勿勞乎？忠焉能勿誨乎？』」下引孝經諫爭章文，蓋用魯詩之義。鄭云「上陳諫諍之義」，則此章本與諫爭章相通，故引此詩以爲人臣愛君當諫之證。鄭君詩箋與白虎通義可互相證明也。

喪親章第十八

子曰：「孝子之喪親也，【注】生事已畢，死事未見。故發此章。明皇注。正義云：「此依鄭注也。」俗本「章」字作「事」，誤。哭不偯，【注】氣竭而息，聲不委曲。明皇注。正義云：「此依鄭注也。」禮無容，言不文，【注】父母之喪，不爲趨翔，唯而不對也。北堂書鈔原本九十三居喪，陳本書鈔九十三引孝經鄭注云：「禮無容，觸地無容；言不文，不爲文飾。」與明皇注同。服美不安，【注】去文繡，衣衰服也。釋文。聞樂不樂，【注】悲哀在心，故不樂也。明皇注。正義云：「此依鄭注也。」食旨不甘，【注】不嘗鹹酸而食粥。釋文。此哀慼之情也。

疏曰：白虎通喪服篇〔一〕曰：「生者哀痛之亦稱喪。孝經曰：『孝子之喪親也』，是施生者也。」鄭注云：「生事已畢，死事未見」者，邢疏云：「生事，謂上十七章。說生事之禮已畢，其死事經則未見，故又發此章

〔一〕按：此處應出自白虎通崩薨篇。

以言也。」

云「氣竭而息，聲不委曲」者，邢疏云：「禮記閒傳曰：『斬衰之哭，若往而不反。齊衰之哭，若往而反。』此注據斬衰而言之，是氣竭而後止息。又曰：『大功之哭，三曲而偯。』鄭注云：『三曲，一舉聲而三折也。偯，聲餘從容也。』是偯爲聲餘委曲也。斬衰則不偯，故云聲不委曲也。」阮福曰：「更有雜記『童子哭不偯』，言童子不知禮節，但知遂聲直哭，不能知哭之當偯不當偯，故云『哭不偯』，正與此處經文『哭不偯』同。」又云：「曾申問於曾子曰：『哭父母有常聲乎？』曰：『中路嬰兒失其母焉，何常聲之有？』鄭注：『言其若小兒亡母號啼，安得常聲乎？』所謂哭不偯，以此二證推之，益可知孝子之哭親，悲痛急切之時，自是如童子嬰兒之哭不偯，不作委曲之聲。且可見曾子答曾申之言，實受之孔子，即孝經『哭不偯』之義也。……說文云：『㥾痛聲也。从心依聲。』孝經曰：『哭不㥾。』此㥾字之義與偯同。」

云「父母之喪，不爲趨翔，唯而不對」者，曲禮曰：「帷薄之外不趨。」鄭注：「不見尊者，行自由，不爲容也。入則容。行而張足曰趨。」又曰：「堂上不趨。」鄭注：「爲其迫也。堂下則趨。」又曰：「執玉不趨。」鄭注：「志重玉也。」又曰：「室中不翔。」鄭注：「又爲其迫也。行而張拱曰翔。」又曰：「父母有疾，行不翔。」鄭注：「憂不爲容也。」然則行而張足之趨，行而張拱之翔，皆所以爲容，不爲容則不趨翔。父母有疾行不翔，父母之喪不趨翔，更可知。雜記下曰：「三年之喪，言而不語，對而不問。」閒傳曰：「斬衰唯而不對。」喪服四制曰：「三年之喪，君不言。書云：『高宗諒闇，三年不言。』此之謂也。然而曰『言不文』

者，謂臣下也。」鄭注：「『言不文』者，謂喪事辨不所當共也。孝經説曰：『言不文者，指士民也。』」又曰：「禮，斬衰之喪，唯而不對。」鄭注：「此謂與賓客也。唯而不對，侑者爲之應耳。」

云「去文繡，衣衰服」者，儀禮士喪既夕記：「乃卒。主人啼，兄弟哭。」鄭注：「於是始去冠而笄纚，服深衣。檀弓曰：『始死，羔裘、玄冠者，易之。』」疏曰：「知『於是始去冠而笄纚，服深衣』者，禮記問喪云：『親始死，雞斯徒跣，扱上衽。』注云：『雞斯，當云笄纚。上衽，深衣之裳前。』是其親始死，笄纚，服深衣也。引檀弓者，證服深衣，易去朝服之事也。」記又曰：「既殯，主人説髦，三日絞垂。冠六升，外縪，纓條屬，厭。衰三升。屨外納。」鄭注：「成服日。絞，要絰之散垂者。」是親始死，以深衣易羔裘而去冠，三日成服，乃衣衰服也。儀禮喪服曰：「喪服，斬衰裳，苴絰杖、絞帶，冠繩纓，菅屨。」鄭注檀弓云：「衰絰之制」，以絰表孝子忠實之心，衰明孝子有哀摧之義。白虎通喪服篇曰：「喪禮必制衰麻何？以副意也。服以飾情，情貌相配，中外相應，故吉凶不同服，歌哭不同聲。所以表中誠也。」釋名釋喪制云：「三日不生，生者成服曰衰，衰，摧也。言傷摧也。」皆與鄭合。

云「悲哀在心，故不樂也」者，邢疏云：「言至痛中發，悲哀在心，雖聞樂聲，不爲樂也。」

云「不嘗鹹酸而食粥」者，儀禮喪服曰：「歠粥，朝一溢米，夕一溢米。既虞，食疏食，水飲。既練，始食菜果，飯素食。」喪大記：「君之喪，子、大夫、公子、衆士皆三日不食。子、大夫、公子食粥，納財，朝一溢米，莫一溢米，食之無算。大夫之喪，主人、室老、子姓皆食粥，士亦如之。既葬，主人疏食水飲，練而食菜果，祥而食肉。食粥於盛，不盥，食於篹者盥。食菜以醯、醬。始食肉者，先食乾肉，始飲酒者，先飲醴酒。」疏云：「『始食肉者，先食乾肉；始飲酒者，先飲醴酒』，文承既祥之下，謂祥後也。然閒傳曰：『父母之喪』，『大祥有醯醬』，『禫而飲醴酒』，二文不同。文庾氏〔一〕云：『蓋記者所聞之異。大祥既鼓琴，亦可食乾肉矣。食菜用醯醬，於情爲安。且既祥食果，則食醯醬無嫌矣。』熊氏云：『此據病而不能食者，練而食醯醬，祥而飲酒也。』」據喪大記、閒傳，有練而食醯醬，祥而食醯醬，二說不同。然歠粥時，要不得用醯醬。故曰「不嘗鹹酸」也。禮記問喪曰：「痛疾在心，故口不甘味，身不安美也。」

三日而食，教民無以死傷生，毀不滅性，【注】毀瘠羸瘦，孝子有之。文選宋貴妃誄注。此聖人之政也。喪不過三年，示民有終也。【注】三年之喪，天下達也。明皇注。正義云：「此依鄭注也。」不肖者企而及之，賢者俯而就之。再期釋文下闕。嚴可均曰：「蓋引喪服小記『再期之喪三年』也。」錫瑞案：「鄭君不以再期爲三年，嚴說未覈。」

疏曰：邢疏曰：「禮記問喪云：『親始死，傷腎乾肝焦肺，水漿不入口三日。』又閒傳稱：『斬衰三日不

〔一〕此處「文」字不通，疑當作「又」。

食。』此云三日而食者何？劉炫言三日之後乃食，皆謂滿三日則食也。」

鄭注云：「毁瘠羸瘦，孝子有之」者，曲禮曰：「居喪之禮，毁瘠不形。」鄭注：「爲其廢喪事。形，謂骨見。」疏云：「『毁瘠不形』者，毁瘠，羸瘦也。形，骨露也。骨爲人形之主，故謂骨爲形也。居喪乃許羸瘦，不許骨露見也。」又曰：「居喪之禮，頭有創則沐，身有瘍則浴，有疾則飲酒食肉，疾止復初。不勝喪，乃比於不慈不孝。」鄭注：「勝，任也。」疏云：「『不勝喪』，謂疾不食酒肉，創瘍不沐浴，毁而滅性者也。不留身繼世，是不慈也。滅性又是違親生時之意，故云不孝。不云『同』而云『比』者，此滅性本心實非爲不孝，故言『比』也。」檀弓曰：「毁不危身，爲無後也。」鄭注：「謂憔悴將滅性。」雜記曰：「毁而死，君子謂之無子。」鄭注：「毁而死，是不重親。」

云「三年之喪，天下達禮。不肖者企而及之，賢者俯而就之」者，邢疏曰：「禮記三年問云：『夫三年之喪，天下之達喪也。』鄭玄云：『達謂自天子至於庶人。』注與彼同，唯改『喪』爲『禮』耳。喪服四制曰：『此喪之所以三年，賢者不得過，不肖者不得不及。』檀弓曰：『先王之制禮也，過之者，俯而就之；不至焉者，跂而及之。』注引彼二文，欲舉中爲節也。起踵曰企，俛首曰俯。」案：明皇注依鄭義，邢疏解注亦明。而云『聖人雖以三年爲文，其實二十五月』，則與鄭義不合。儀禮士虞禮曰：「又朞而大祥，中月而禫。」鄭注：「中猶閒也。禫，祭名也。與大祥閒一月。自喪至此，凡二十七月。」鄭志答趙商云：「祥謂大祥，二十五月。是月禫，謂二十七月，非謂上祥之月也。」檀弓疏云：「祥禫之月，先儒不同。王肅以二十五月大祥，其月爲禫，二十六月作樂。所以然者，以下云『祥而縞，是月禫，徙月樂』，又與上文魯人朝祥而莫歌，孔子云：『踰月則其善。』是皆祥之後月作樂也。又閒傳云：『三年之喪，二十五月而畢。』又士虞禮『中月而禫』，是祥月之中也，與尚書『文王中身享國』謂身之中間同。又文公二年冬，『公子遂如齊納幣』，是僖公之喪，至此二十六月。左氏云：『納幣，禮也。』故王肅以二十五月禫除喪畢，而鄭康成則二十五月大祥，二十七月而禫，二十八月而作樂，復平常。鄭必以爲二十七月禫者，以雜記云：『父在爲母爲妻，十三月大祥，十五月禫。』爲母爲妻尚祥、禫異月，豈容三年之喪乃祥、禫同月？若以父在爲母，屈而不申，故延禫月，其爲妻當亦不申祥、禫異月乎？若以中月而禫，爲月之中間，應云『月中而禫』，何以言『中月』乎？喪服小記云：『妾祔於妾祖姑，亡則中一以上而祔。』又學記云：『中年考校』，皆以中爲間，謂間隔一年，故以中月爲間隔一月也。」「戴德喪服變除禮：『二十五月大祥，二十七月而禫』，故鄭依而用焉。」案：據孔疏，則二十五月畢喪乃王肅說，鄭君原本大戴，以爲二十七月而禫，其義最精。鄭此注不完，當云「再期大祥，中月而禫」。邢疏用王肅義，非也。

爲之棺槨、衣衾而舉之，【注】周尸爲棺，周棺爲槨。明皇注。正義云：「此依鄭注也。」衾謂單。嚴可均曰：「當有被字。」可以亢尸而起也。釋文。陳其簠簋而哀慼之，【注】簠簋，祭器，受一斗二升。方曰簠，圓曰簋，盛黍稷稻粱器。陳奠素器而不見親，故哀之也。陳本北堂書鈔八十九引孝經鄭注。嚴氏據書鈔，原本殘闕，有「内圓外方曰簋」六字。嚴可均曰：「按：當有『外圓内方曰簠』六字，闕。儀禮少牢饋食疏各引半句，今合輯之。又考工記旊人疏引『内圓外方』者。按：鄭注地官舍人云：『方曰簠，圓曰簋』，就内言之，未盡其詞。唯儀禮聘禮釋文：『外圓内方曰簠，内圓外方曰簋』，形制具備。」錫瑞案：「嚴氏過信書鈔原本，原本有誤，説見疏中。陳本與原本異者，多與明皇注同。邢疏不云『依鄭注』，則陳本亦難信。此條與鄭義合，勝原本，故據之。御覽七百五十九器物曰〔二〕：『引孝經曰：「陳其簠簋」，鄭玄曰：「方曰簠，圓曰簋」』，與陳本書鈔所引合。葉德輝曰：『舍人注，疏云：「方曰簠，圓曰簋」，皆據外而言。按孝經注云：「内圓外方，受斗二升」者，直據簠而言。若簋，則内方外圓。據此，則賈疏所據本似云「内圓外方曰簠」，而簋不釋，故疏引申之。』賈雖不云鄭注，玩其詞意，似引鄭證鄭。葉説是也。」

疏曰：鄭注云：「周尸爲棺，周棺爲椁」者，邢疏曰：「檀弓稱：『葬也者，藏也。藏也者，欲人之弗得見也。是故衣足以飾身，棺周於衣，椁周於棺，土周於椁。』注約彼文，故言周尸爲棺，周棺爲椁也。」案：士喪禮曰：「棺入，主人不哭。升棺用軸，蓋在下。」又曰：「主人奉尸斂於棺，踊如初，乃蓋。」鄭注：「棺在肂中，斂尸焉，所謂殯也。」又曰：「既井椁，主人西面拜工，左還椁，反位，哭，不踊。婦人哭於堂。」鄭注：「匠人爲椁，刊治其材，以井構於殯門外也。」檀弓曰：「殷人棺椁。」鄭注：「椁，大也。以木爲之，言

〔二〕按：此處「曰」不合常例，似應爲「四」。

椁大於棺也。殷人尚梓。」喪大記曰：「君松椁，大夫柏椁，士雜木椁。」鄭注：「椁，謂周棺者也。」白虎通喪服篇曰：「所以有棺椁何？所以掩藏形惡也，不欲令孝子見其毀壞也。棺之爲言完，所以藏尸令完全也。椁之爲言廓，所以開廓辟土，令無迫棺也。」

云「衾謂單被，可以亢尸而起也」者，士喪禮陳小斂衣曰：「厥明，陳衣于房，南領，西上，綪。絞橫三縮一，廣終幅，析其末。緇衾，赬裏，無紞。」鄭注：「紞，被識也。斂衣或倒，被無別於前後可也。凡衾制同，皆五幅也。」疏云：「『凡衾制同，皆五幅也』者，此無正文。喪大記云：『紟五幅，無紞。』衾是紟之類，故知亦五幅。」又陳大斂衣曰：「厥明，滅燎。陳衣于房，南領，西上，綪。絞，紟，衾二。君襚、祭服、散衣、庶襚，凡三十稱。紟不在筭，不必盡用。」鄭注：「紟，單被也。衾二者，始死斂衾，今又復制也。小斂衣數，自天子達，大斂則異矣。喪大記曰：『大斂，布絞，縮者三，橫者五。』」疏：「云『紟不在筭』者，案：喪大記『紟五幅，無紞』，鄭云今之單被也。以其不成稱，故不在數内。」「云『衾二者，始死斂衾，今又復制』者，此大斂之衾二：始死幠用斂衾，以小斂之衾當陳之，故用大斂衾，小斂已後，用夷衾覆尸，故知更制一衾，乃得二也。云『小斂衣數，自天子達』者，案喪大記君大夫小斂已下，同云十九稱，則天子亦十九稱。注云：『十九稱，法天地之終數也。』云『大斂則異矣』者，案此文，士喪大斂三十稱，喪大記士三十稱，大夫五十稱，君百稱。不依命數，是亦喪數略，則上下之大夫及五等諸侯各同一節，則天子宜百二十稱。此鄭雖不言襲之衣數，案雜記注云：『士襲三稱，大夫五稱，公九稱，諸侯七稱，天子十二稱與？』以其無文，推約爲義，故云『與』以疑之。」喪服大記曰：「大斂：布絞，縮者三，横者五。布紟，二衾。君、大夫、士一也。君陳衣于庭，百稱，北領，西上。大夫陳衣于序東，五十稱，西領，南上。士陳衣于序東，三十稱，西領，南上。絞、紟如朝服。絞一幅爲三，不辟。紟五幅，無紞。」鄭注：「二衾者，或覆之，或薦之。如朝服者，謂布精麤，朝服十五升。小斂之絞也，廣終幅，析其末，以爲堅之强也。大斂之絞，一幅三析用之，以爲堅之急也。紞，以組類爲之，綴之領側，若今被識矣。生時禪被有識，死者去之，異於生也。士喪禮『大斂亦陳衣於房中，南領，西上』，與大夫異，今此文同。蓋亦天子之士。」疏云：「布紟者，皇氏云：『紟，禪被也。取置絞束之下，擬用以舉尸也。孝經云「衣衾而舉之」是也。』今案：經云紟在絞後，紟或當在絞上，以絞束之。且君衣百稱，又通小斂與襲之衣，非單紟所能舉也。又孝經云衾不云紟，皇氏之説未善也。」案：鄭君解衣衾之制，詳於儀禮、禮記之注。此注以衾爲單被，可以亢尸而起者，與注禮云「紟，今之單被」正同，是鄭君以此經所云「衾」即禮所云「紟」，賈疏云：「衾，是紟之類」是也。皇氏云：「紟，單被」，正用鄭義，引孝經爲證，與鄭注正合。孔疏乃以孝經云「衾」不云「紟」爲疑，且疑君衣百稱，非單紟所能舉，殊失之泥。

云「簠簋，祭器，受一斗二升」者，周禮舍人：「凡祭祀共簠簋。」鄭注：「方曰簠，圓曰簋，盛黍稷稻粱器。」疏曰：「『方曰簠，圓曰簋』，皆據外而言。案：孝經云『陳其簠簋』，注云：『内圓外方，受斗二升』者，直據簠而言。若簋則内方外圓。知皆受斗二升者，旊人云：『爲簋，實一觳。』豆實三而成觳，豆四升，三豆則斗二升可知。但外神用瓦簋，宗廟當用木，故易損卦云：『二簋可用享。』損卦以離、巽爲之，離爲日，日圓，巽爲木，木器圓，簋象，是用木明矣。云『盛黍稷稻粱器』者，公食大夫：簠盛稻粱，簋盛黍稷，故鄭總云『黍稷稻粱器』也。」又「旊人爲簋，實一觳，崇尺，厚半寸，脣寸，豆實三而成觳，崇尺。」鄭注：「崇，高也。豆實四升。」疏曰：「注云『豆實四升』者，晏子辭。按易損卦彖云：『二簋可用享。』四，以簋進黍稷於神也。初與二直，其四與五承上，故用二簋。四，巽爻也。巽爲木。五，離爻也，離爲日。日體圜，木器而圜，簋象也。是以知以木爲之，宗廟用之。若祭天地外神等，則用瓦簋。若然，簋法圓。舍人注云：『方曰簠，圓曰簋。』注與此合。孝經云：『陳其簠簋。』注云『內圓外方』者，彼據簠而言之。」按：賈氏兩處之疏，解鄭義甚明。

云「方曰簠，圓曰簋」，據外而言，是鄭義以爲外方內圓曰簠，外圓內方曰簋矣。引孝經注云內圓外方，據簠而言，若簋則內方外圓，又引易注以證簋爲圓象，其義尤明。聘禮：「夫人使下大夫勞以二竹簋方。」鄭注：「竹簋方者，器名也。以竹爲之，狀如簋而方，如今寒具筥。筥者圜，此方耳。」疏曰：「凡簋皆用木而圓，受斗二升，此則用竹而方，故云『如簋而方』。受斗二升則同。筥圓，此方者，方圓不同，爲異也。」案：此注疏甚晰。鄭意以簋本圓，而此獨方，故別白之曰「狀如簋而方」，正與「筥者圜，此方」同意。賈疏亦得鄭意，乃釋文從誤本作「簠」，不從或本作「簋」。所引「外圓內方曰簠，內圓外方曰簋」，不知誰氏之說，與鄭義正相反。阮氏校勘記辨釋文之誤，最塙。原本北堂書鈔所引與釋文同誤，鄭義並不若是。嚴氏知與鄭舍人注不合，强云「就内言之」，不知賈疏明云「皆據外而言」。凡器雖有外内方圜之不同，總當以見於外而一望可知者爲定，嚴説非是。詩權輿：「釋文云：『内圓外方曰簠，内方外圓曰簋。』」不誤。聶崇義三禮圖：「舊圖云：『内方外圓曰簋，外方内圓曰簠。』」舊圖與權輿、釋文合，亦用鄭義。許氏説文曰：「簋，黍稷方器也；簠，黍稷圜器也。」與鄭不同。

云「陳奠素器而不見親，故哀之也」者，邢疏云：「檀弓云：『奠以素器，以生者有哀素之心也。』又案：陳簠簋在『衣衾』之下，『哀以送』之上，舊説以爲大斂祭是不見親，故哀感也。」舊説以爲大斂祭，與鄭説以衾爲大斂之紟合。白虎通宗廟篇曰：「祭所以有尸者何？仰視榱桷，俯視几筵，其器存，其人亡，虚無寂寞，思慕哀傷，無可寫泄，故座尸而食之。」大斂尚未立尸，然亦可借證陳奠素器，哀不見親之意。

擗踊哭泣，哀以送之，【注】啼號竭盡也。釋文。卜其宅兆而安厝之，【注】宅，葬地。兆，吉兆也。葬事大，故卜之慎之至也。北堂書鈔原本九十二葬。嚴可均曰：「按周禮小宗伯疏引此注，『兆』以爲龜兆釋之，是賈公彦申説，非原文也。陳本作『宅，墓穴也。兆，塋域也。葬事大，故卜之』，與明皇注同。」爲之宗廟以鬼享之，正義引舊解云：「宗，尊也。廟，貌也。言祭宗廟，見先祖之尊貌也。」嚴可均曰：「蓋亦鄭注，已載卿大夫章，但彼稍詳耳。孔傳亦云『宗，尊也。廟，貌也』，兩文相同，未便指名，故稱爲舊解也。」春秋祭祀以時思之。【注】四時變易，物有成孰，將欲食之，故薦先祖。

念之若生，不忘親也。北堂書鈔原本八十八祭祀總。御覽五百二十五。陳本云：「寒暑變移，益用增感，以時祭祀，展其孝思也。」與明皇注同。

疏曰：鄭注云：「啼號竭盡也」者，禮記問喪曰：「動尸舉柩，哭踊無數。惻怛之心，痛疾之意，悲哀志懣氣盛，故袒而踊之，所以動體、安心、下氣也。婦人不宜袒，故發胷、擊心、爵踊，殷殷田田，如壞牆然，悲哀痛疾之至也。故曰：『辟踊哭泣，哀以送之』，送形而往，迎精而反也。」鄭注：「『故袒而踊之』，言聖人制法，故使之然也。『爵踊』，足不絶地。辟，拊心也。『哀以送之』，謂葬時也。迎其精神而反，謂反哭及日中而虞也。」又曰：「其往送也，望望然，汲汲然，如有追而弗及也。其反哭也，皇皇然，若有求而弗得也。故其往送也如慕，其反也如疑。求而無所得之也，入門而弗見也，上堂又弗見也，入室又弗見也。亡矣喪矣，不可復見已矣！故哭泣辟踊，盡哀而止矣。」鄭注：「説『反哭』之義也。」據問喪明引此經，則辟踊哭泣專屬送葬。鄭云「啼號竭盡」，亦當屬送葬言。既夕禮：「乃代哭如初」，鄭注：「棺椁有時將去，不忍絶聲也。」又曰：「乃窆，主人哭，踊無筭。」鄭注：「乃行，謂柩車行也。」又曰：「乃不絶聲，即啼號竭盡之義。既夕禮曰：「主人袒，乃行，踊無筭。」鄭注：「乃行，謂柩車行也。」

云「宅，葬地。兆，吉兆也」者，周禮小宗伯：「卜葬兆，甫竁，亦如之。」鄭注：「兆，墓塋域。甫，始也。」疏曰：「孝經云：『卜其宅兆』，注『兆』以爲龜兆解之。此兆爲墓塋兆者，彼此義得兩合，相兼乃具，故注各據一邊而言也。」士喪禮曰：「筮宅，冢人營之。掘四隅，外其壤，掘中，南其壤。既朝哭，主人皆往，兆南北面，免絰。」鄭注：「宅，葬居也。兆，域也，所營之處。」又曰：「命筮者在主人之右，筮者東面，抽上韇，兼執之，南面受命。命曰：『哀子某，爲其父某甫筮宅。度茲幽宅兆基，無有後艱？』」鄭注：「宅，居也。度，謀也。茲，此也。基，始也。言爲其父筮葬居，今謀此以爲幽冥居兆域之始，得無後將有艱難乎？艱難，謂有非常若崩壞也。孝經曰：『卜其宅兆，而安厝之。』」疏曰：「引孝經『卜其宅兆』者，證宅爲葬居。又見上大夫以上，卜而不筮，故雜記云：『大夫卜宅與葬日』，下文云『如筮，則史練冠』，鄭注云：『謂下大夫若士也。』則卜者謂上大夫。上大夫卜，則天子諸侯亦卜可知也。但此注兆爲域，彼注兆爲吉兆，不同者，以其周禮大卜掌三兆，有玉兆、瓦兆、原兆，孝經注亦云『兆，塋域』。此文主人皆往兆南北面，兆爲塋域之處，義得兩全，故鄭注兩解，俱得合義。」阮氏挍勘記「孝經注亦云『兆，塋域』」：「陳、閩俱脱『孝』字、『注』字。按陳、閩固誤，然上文云『此注兆爲域，彼注兆爲吉兆』，『彼注』者，謂孝經注也，豈鄭解孝經『兆』字有二説歟？唐御注孝經曰『兆，塋域也』，邢疏以爲依孔傳，則似非鄭義。」錫瑞案：挍勘記之説是也。賈疏明引鄭注「兆爲吉兆」，周禮疏又謂孝經鄭注以龜兆解之，賈公彦以爲義得兩全，謂鄭注孝經與注周禮、儀禮不同，皆可通也。然則賈疏所引孝經注「兆，塋域」，必非鄭義。嚴氏以爲賈公彦申説，非原文，蓋失考儀禮疏，故不知鄭君解經兩説本可通也。

云「葬事大，故卜之愼之至也」者，雜記：「大夫卜宅與葬日。」疏云：「宅謂葬地。大夫尊，故得卜宅并葬日。」然則此經言卜，蓋據大夫以上言之。此命龜之辭，當與「士筮，無有後艱」相同，皆慎重之意也。「爲之宗廟，以鬼享之」，邢疏引舊解云：「宗，尊也；廟，貌也。言祭宗廟，見先祖之尊貌也」，不云鄭注。鄭君於卿大夫章已有此文，此章之注不傳，疑鄭君解此章與卿大夫章不同。案：問喪曰：「祭之宗廟，以鬼饗之，徼幸復反也。」鄭注：「説『虞』之義。」疏曰：「『祭之宗廟，以鬼饗之』者，謂虞祭於殯宮，神之所在，故稱『宗廟』。『以鬼享之』，尊而禮之，冀其魂神復反也。」問喪明引此經，鄭君以爲説「虞」之義。孔疏以殯宮解宗廟，是古義解此文屬新喪虞祭言，鄭注禮以爲虞祭，注此經亦當專屬虞祭，非若卿大夫章之泛言也。

云「四時變易，物有成孰，將欲食之，故薦先祖。念之若生，不忘親也」者，王制：「大夫、士宗廟之祭，有田則祭，無田則薦。庶人春薦韭，夏薦麥，秋薦黍，冬薦稻。韭以卵，麥以魚，黍以豚，稻以鴈。」鄭注：「有田者既祭，又薦新。祭以首時，薦以仲月。士薦牲用特豚，大夫以上用羔。所謂『羔豚而祭，百官皆足』。庶人無常牲，取與新物相宜而已。」疏曰：「知有田既祭，又薦新者，以月令天子祭廟，又有薦新，故月令四月『以彘嘗麥，先薦寢廟』。又士喪禮有薦新如朔奠，謂有地之士，大斂小斂以特牲，而云薦新，故知既祭又薦新也。云『祭以首時，薦以仲月』者，晏子春秋云：『天子以下至士，皆祭以首時』，故禮記明堂位云：『季夏六月，以禘禮祀周公於大廟。』周六月，是夏四月也。又雜記云：『七月而禘，獻子爲之也。』譏其用七月，明當用六月是也。魯以孟月爲祭，魯，王禮也，則天子亦然。大夫、士無文，從可知也。其周禮四仲祭者，因田獵而獻禽，非正祭也。服虔注桓公五年傳云：『魯祭天以孟月，祭宗廟以仲月。』非鄭義也。此薦以仲月，謂大夫、士也。既以首時祭，故薦用仲月。若天子、諸侯禮尊，物孰則薦之，不限孟仲季，故月令孟夏薦麥，孟秋薦黍，季秋薦稻是也。大夫既薦以仲月，而服虔注昭元年傳：『祭，人君用孟月，人臣用仲月。』不同者，非鄭義也。南師解云：『祭以首時者，謂大夫、士也。若得祭天者，祭天以孟月，祭宗廟以仲月。其禘祭、祫祭、時祭，亦用孟月，其餘諸侯不得祭天者，大祭及時祭皆用孟月。』既無明據，未知孰是，義得兩通，故竝存焉。」案：南師解宗服義，與鄭義不同。左氏桓八年：「正月，己卯，烝。」杜注：「此夏之仲月，非爲過時而書者，爲下五月復烝見瀆也。」則杜與服説合。而桓五年傳云：「始殺而嘗，閉蟄而烝。」疏引服注「始殺」，謂孟秋。杜注：「建亥之月，昆蟲閉戶，萬物皆成。」則服注亦以烝嘗皆在夏時孟月。公羊何氏解詁亦曰：「屬十二月已烝，今復烝也。」周十二月，夏之孟月，是以天子諸侯皆以孟月祭，與鄭説同。鄭此注云「四時變易，物有成孰，故薦先祖」，似兼祭與薦而言，故引此以補明鄭義。繁露四祭篇云：「古者歲四祭。四祭者，因四時之所生孰，而祭其先祖父母也。故春曰祠，夏曰礿，秋曰嘗，冬曰烝。祠者，以正月始食韭也；礿者，以四月食麥也；嘗者，以七月嘗黍稷也；烝者，以十月進初稻也。此天之經也，地之義也。」祭義篇云：「春上豆實，夏上尊實，秋上朹實，冬上敦實。豆實，韭也，春之所始生也。尊實，麷也，夏之所受長也。朹實，黍也，秋之所先成也。敦實，稻也，冬之所畢孰也。」公羊何氏解詁曰：「祠，猶食也，猶繼嗣也。春物始生，孝子思親繼嗣而食之也。夏薦尚麥魚，始孰可汋，故曰禴。嘗者，先辭也。秋穀成者非一，黍先孰可得薦，故曰嘗也。烝，衆也。冬萬物畢成，所薦衆多，芬芳備具，故曰烝。」白虎通宗廟篇曰：「宗廟所以歲四祭何？春曰祠者，物微，故祠名之。夏曰禴者，麥孰進之。秋曰嘗者，新穀孰嘗之。冬曰烝者，烝之爲言衆也，冬之物成者衆。」文選東京賦曰：「於是春秋改節，四時迭代。蒸蒸之心，感物增思。」薛注：「感物，謂感四時之物，即春韭卵、夏麥魚、秋黍豚、冬稻雁。孝子感此新物，則思祭先祖也。」此皆鄭云「念之若生，不忘親」之義，亦可見天子至於庶人，皆有春秋四時之祭也。

生事愛敬，死事哀戚，生民之本盡矣，死事之義備矣，孝子之事親終矣。」【注】無遺纖嚴可均曰：「當有『毫憾』二字。」也。尋繹天經地義，究竟人情也。行畢孝成。釋文。

疏曰：鄭注云：「尋繹天經地義，究竟人情也，行畢孝成」者，承上三才章云「天之經也，地之義也，民之行也」而總結之。行畢，即民之行畢也。愛敬依鄭義，當以愛分屬母，敬分屬父。

風俗通汝南夏甫下引「生事愛敬」二句。後漢書陳忠傳云：「臣聞之孝經始於事親，終於哀戚，上自天子，下至庶人，尊卑貴賤，其義一也。」

孝經講義

〔清〕宋育仁 著

本書點校説明

宋育仁，字芸子，號問琴閣主人，四川富順人。宋氏自小資禀特異，雅好讀書。光緒二年入尊經書院，潛研經史，考三代制度，詳名物體用，著周禮十種，以通經致用爲己任。光緒十二年舉進士，後任翰林院檢討、典禮院候補學士。光緒十九年，任駐英、法、意、比四國公使參贊，歸國後著採風記，詳盡描繪西歐名物政教。甲午戰後，主辦渝報、蜀學報，擔任尊經書院山長，以倫理、政事、格致之學育人，一時人文蔚起，蜀學勃興。清廷遜位後，宋氏又出任四川國學會會長。民國二十年病逝，享年七十四歲。宋氏博通六藝，汎濫詞林，一生著述遍及經史，而亡軼甚多。其尚存者由門人范天傑、胡金等蒐集，編爲問琴閣叢書。其中孝經講義十八章，以周官封建井田、學校軍禮之制解釋孝經，附以詳細的訓詁、義理考辨，既具有學術價值，也富有強烈的現實關懷。正值清室危殆，神州激蕩之際，宋氏之學本於湘潭王闓運，故孝經講義一書，便旨在托古改制，以孝治國。宋育仁眼中的孝經，不僅僅是一本勸孝之書，更與周禮互相發明，是經世政治之範本。此外，宋氏因遠赴重洋，還具有開闊的文明視野，孝經講義中對中西文化、體制的參照比較，在晚清民國的孝經解讀中亦屬新穎。此書據民國十三年刊問琴閣叢書影印本整理所得，點校過程中，有若干説明如下：

（一）講義原文本無分段，今根據文意略作提行，以便讀者閱覽。

（二）原底本中錯訛、脱衍文字，均已出校記。顯誤者即改，其餘存疑。

（三）宋氏所引孝經原文，與通行本有明顯不同者，已出校記。

（四）宋氏所引其餘典籍内容，有大略引用、無礙文意者，均不出校。有顯誤如篇名等，即出校。整理者學力尚淺，點校之處難免訛誤，唯愿稍廣宋氏之志，以就正于方家。

常達

二〇一八年五月

孝經正[一]義序

孔子曰：「吾志在春秋，行在孝經。」爰手訂孝經，筆削魯史，修爲春秋，以法授聖。又曰「周監於二代」，「吾學周禮」，「吾從周」，謂二帝三王之治，萃在周官矣。而爲政以德爲本，至德又爲道之本，孝爲至德要道，故論語：「有子曰：『孝弟爲爲仁之本，君子務本，本立而道生。』」漢儒説此，主於立政立教，故鄭康成説中庸「經綸天下之大經」，即指春秋經世，先王之志，是爲「志在春秋」。「立天下之大本」，即指孝經。「夫孝，德之本也，教之所由生也」，此謂知本，是爲「行在孝經」。是以孝經首章，特題曰開宗明義，而即次以天子至庶人，凡傳五章，章各有名，舉名定實，實各舉要，斷結於終。明言蓋天子之孝，蓋諸侯、卿大夫、士之孝，此庶人之孝也，厥義甚明。

[一]「正」疑爲「講」。

人各有身，身必有家。衣食居處之養，人人身家所同，而有貴賤貧富之差。人同此心，雖曰心同此理，而有知愚、強懦、賢不肖之别，由是緣其貴賤、貧富、豐儉之差，以各爲之禮。如其智愚、賢不肖之量，以别立其名。庶民爲人之本位，身之所奉，凡所以養生送死，一如其本分之願欲，而身之所主，心理無窮。治人者必賢於所治之人，而又必先能自治，乃受治於心，而非他人之所可見，乃更從自治、治心進，以君子必慎其獨，爲之始終條理。詔以格致誠正以立於道本，謂之大學之道。士進於大學者，始教之也。自士以上，乃立君子之名學焉者，有至焉，有不至焉，要不以責之庶民也。故曰「自天子以至庶人，壹是皆以修身爲本」，不曰「以正心誠意爲本」。有身則有家，庶人之分，及家而止。天子以至於士之分，則自家而始。證以大學，釋齊家，概括自天子至庶人之對於家人，而詞以庶人爲主，故引諺爲斷。他章皆正結，於此章獨反結，云「此謂身不修不可以齊其家」。庶人不能齊其家者，衆也；能齊其家者，即屬修君子之行，斯進而爲士矣。再進授位，則與君共治斯民者也。士居四選之初階，尚未離四民之本位，故尚不得爲在位，亦得稱爲有位，居於下位，而得備於天子、諸侯、卿大夫之等位。天地設位，聖人成能。内聖外王之道，以位爲主體，人爲副體；以道爲主觀，身爲客觀。公卿大夫，不過四選之進階，積功累德，得封建爲國君。故學記曰：「學也者，學爲君也。」然又曰：「知爲人子，然後可以爲人父；知爲人臣，然後可以爲人君；知爲人弟，然後可以爲人兄；知事人，然後能使人也。」故修士行者，必先盡其子臣弟友之行，中庸所稱「君子之道四」是也。其所修之學，則詩、書，執禮。樂正順先王詩、書、禮、樂以造士，論語「子所雅言，詩、書、執禮」是也。執禮，則樂在其中。而又云「子以四教，文行忠信」者，「文」即詩、書、執禮之雅言，「行」即執禮之士，行禮之實，即孝弟之節文。故事親孝，忠可移於君；事兄弟，敬可移於長；居家理，治可移於官。而忠信者，禮之本也。故曰：「忠信之人，可以學禮。」是謂士行即是儒行，無異教也。

荀卿稱文王、周公、仲尼爲大儒，夫子亦目禹、湯、文、武、成王、周公爲君子。中庸序仲尼授受淵源，爲祖述堯、舜，憲章文、武，由今之言，詁古之義。然則孔子乃講帝王之學，而帝王當講聖人之學，皎如天日，明不可誣。乃後世儒生輒以聖人自期，而後世帝王乃不講聖人之學，兩失其義，而學者茫然迷路，不知所從。宋儒之理學，持世千年，而理障浮烟，參互於二氏之遺說。七聖俱迷，初未知同歸而殊途，固無望殊途而同歸也。推其失道之由，自魏氏篡竊局成，倫教破壞，文辯之士汨於時俗之陋見，以私意窺聖侮經，肊説繁興，僞書競出，流波及於五季，學術散亡中絕。宋儒初受學於方外，先入爲主，又不明小學訓詁，因以望文生義，夫亦知以經爲宗而未達古訓，安識聖言！孔子告魯哀公曰：「學於爾雅，則可辨言。」後人不解此爲何語，乃謂詩、書雅言也。其訓詁具在尓疋，學此則通於詩書政教之故也。揚雄書題方言爲絕代語釋别國方言者，即謂釋古之訓與譯同科，故聖爲天口，賢爲聖譯。漢儒説經兩派，一爲依經訓注，例如毛詩故訓傳，謹嚴如今之直譯；一爲倚席講論，例如白虎通義，發揮如猶今之演説。後來道學家至不説經傳，直道語録，空疏無所復入，乾嘉學者始别標經學，張皇補苴，欲以彌縫其缺，適貽譏於不賢識小。今乃欲乞靈於科學而求所謂哲理，臣誠私心痛之。夫孔子外王之道，即所以成其内聖之功也，故曰「行在孝經」。其詔示明王以孝治天下，廣孝治以成聖治，而其廣至德要道以成孝治之絜要，專在於禮經，曰「禮者，敬而已」。舊説誤解敬之一字，不明本經下文「敬」之註脚，爲敬天下之爲人父者，敬天下之爲人兄者，敬天下之爲人君者，斯不能明禮之實爲節文斯二者，習承爲宋學，所云内修之「主敬」，若與政教不相謀，不知其即指周禮之三百六十政綱，及淹中古記與十七篇之節文也。知禮之實者，則知先有其行禮之實也。行禮之實安在？位與財是也。君子有財，用之行禮。「有其禮，無其時，無其財，君子弗行。」未有不使公卿大夫、士有等有禄，而能責以隆禮由禮，以禮化民。亦未有不使庶民家給人足，而能責以謹身節用，以養父母者也。是則孝道之行，行之以禮。下孝之能養，先在養民。以法授聖者，先以授之後世之明王也。明乎此者，即明王矣，即孟子所云「行聖之政，是亦聖人也」。後世儒臣對君不敢徵聖，而惟聞頌聖，豈得爲敬乎！惟王者貴爲天子，富有四海，養無不備，尊無敢慢，故記曰：「王中心無爲也，以處至正」，故説命曰：「念終始，典於學。」夫所貴終始，典於學者，正謂王者中心無爲，以處至正，但勤求明於外王之道，即以成其内聖之功也。夫殷憂啟圣者，亦豈徒憂，尤當念典於學矣。

臣伏念昔漢之平時，天子臨雍養老，執經問難，講學於石渠、虎觀，稱制裁疑。去古未遠，盛事猶揚名於後世。證之於今外域，慈善救恤之會㓚於比之潑漏姆陳賽，展覽之舉起於英之匹令司，皆倡自王家，亦復型於四海。今新學者流，高談堯、舜，夫堯、舜乃孔子所祖述，傳心殿帝師之位在焉。春秋傳義有云：「抑亦樂乎後之樂道堯、舜之君子也。」豈有高法堯、舜，顧謙不敢憲法文、武，輒以此義上陳，竊望以此問於諸大夫國人，如曰：國是烏乎定？天下得人難。儻謀復古，行周官之政，人民庶曰實利賴焉；若諸大夫國人皆曰不可，然後已焉，亦各攄其政見焉爾，夫誰得而非之？抑能援保存三殿之議，推廣經筵之意，規復舊國子、太學，以旗民教育爲言，廣額及於漢籍，相與講學，通於四海，質之海牙。夫講學於國中，何異游學於歐美！古今之世變多矣，因革損益，何必同途，亦在人爲也。帝摯庸非内禪，黄屋豈必堯心，惟其典學稽古之深，故能度越非常而殷憂啟圣。昔大禹錫疇，文王演易，開千古之奇局，繼王師之盛事，亦爲法於天下，揚名于後世也。臣學遜舊於甘盤，典或間於雞次，講帝王之學，述先師之言，非從己意，義無所避，亦不知所忌。庸拜手稽首而爲奏記。

臣宋育仁謹記

孝經講義

宋育仁

孔子曰：「吾志在春秋，行在孝經。」此即揭明内聖外王之旨，爲學者指引内聖外王之路。孝者，人人各有自盡之道，故不在位而設教，自修躬行。學者相觀而善人盡能行，論語所云「吾無行而不與二三子者」是也。春秋則非位在二伯爲天吏，（禮記「五官之長曰伯」，「曰天子之吏」，即孟子所稱「天吏」）執行天下之大政，無由設施。故孟子曰：「春秋，天子之事也。」禮運夫子所歎大道之行與三代之英，某未之逮也，而有志焉，是其義也。（由撥亂世反之正，入所聞世，治箸升平，即反於三代，治有次弟，循是而進，入所見世，文致太平，進於堯、舜，帝德廣運，即是大同。故張三世，通三統，然後大一統。論語說「如有王者，必世而後仁」，由王政進帝治，時必經一世，乃能致也。又曰「善人爲邦百年，亦可以勝殘去殺」，由撥亂世而反正，得善人爲邦，斯可矣。進化逮三世，舉成數百年，非俗儒舍王政法西，即希大同之說。（說春秋無家法者，固屬門外，即通二傳學說者，猶枝節耳。如欲徵此言何据，則告之曰：「春秋自始至終係一篇，每條無同複。」試問春秋家知否？此非正題，再當別論。）

父子之道，固屬天性，孟子所謂良知，但推原其初，只有母子。自伏宓制嫁娶之禮，女歸於男，夫婦之道以次安立，始有父子。故易曰：「夫婦有別，然後父子親。」又曰：「有夫婦然後有父子。」至夫子始綜内聖外王之道，歸納於孝之一經，故特題曰孝經。孔穎達正義引「天之經也」句爲題名孝經作證，尚有古義之遺。即是中庸說經綸天下之大經，立天下之大本，參天地之化育，鄭注分大經指春秋，大本指孝經，其實是合撰之注腳。据此，則孝道雖根於天性，而父子之愛始於夫婦有倫，乃中國特出之至教，西學名詞所謂「第二根性」。

父子之倫既立，始成其男主血統，以立家道而通之於國、於天下，推而放之四海，必有閎深細密之經綸組織，始能程效。故在孝經、春秋皆爲作，而孔子自言「述而不作」，乃由先王之詩、書、禮、樂而經緯以成之。故首稱「先王有至德要道」，而於聖治章舉周公以證明之，而廣要道章舉禮樂之綱，推究禮之本，廣至德章申述禮之本與禮之用，只簡括數語，全經并無一句舉禮樂條文，如禮記諸篇所述。其經以孝弟，緯以禮樂，主點在孝治章首尾重言「明王以孝治天下」，所舉即按第二至第五章次，自天子至於士之事生事死，括其禮度，明其旨要。其分別執行禮樂之條目節文，則全在三禮，即謂三禮爲此篇之節目可也。孟子所述「仁之實，事親是也；義之實，從兄是也」，至「禮之實，節文斯二者；樂之實，樂斯二者」，全節皆爲孝經作注，即云十七篇之經禮一部，大小戴所傳之淹中曲禮古記，皆爲孝經之節目，亦可也。（舊以十七篇爲經，而禮經當屬周禮，十七篇可稱經禮。禮記舊統名曲禮，見漢書志。）末學支離，視孝經爲空言勸孝之文，視三禮爲博聞掌故、考古存古之學，日誦孟子所云「聖人，人倫之至」，「堯、舜之道，孝弟而已」，「仁之實事親是也」諸要言，等於詞章之比附，八比之點題云爾。是謂侮經，讀如不讀。

開宗明義章第一

仲尼居，曾子侍。子曰：「先王有至德要道，以順天下，民用和睦，上下無怨。汝知之乎？」曾子辟席，曰：「參不敏，何足以知之？」子曰：「夫孝，德之本也，教之所由生也。復坐，吾語女。身體髮膚，受之父母，不敢毀傷，孝之始也。立身行道，揚名於後世，以顯父母，孝之終也。夫孝，始於事親，中於事君，終於立身。大雅云：『無念爾祖，聿修厥德。』」

夫子自筆之書，以授曾子，故題篇曰開宗明義章第一。開立教之宗，（佛經譯文標宗，譯家即取此義。今西學名詞之宗教是否取此，不可知。其必緣佛典之宗義而成西書名詞，如悲觀、樂觀、原因、效果、平等、差別、品分等詞，不勝枚舉。）明至德要道之義，故自稱字曰仲尼。重傳教之人，故稱弟子曰曾子。然曰居，曰侍，明其爲師弟傳學囑累之詞，故此後仍用本稱。及門稱夫子曰子，乃復出「子曰」。

首揭先王有至德要道以順天下，禮記云：「孝弟，順德也。」開宗將言孝道即統弟道之誼，次曰民用和睦，上下無怨。和睦謂家庭宗族，上下謂君臣上下，長屬位分詞，皆各有所指，不可囫圇立解。三才章又重提「以順天下」，結以「是故先之以博愛」一節，至「導之以禮樂而民和睦」，與此文相起，方舉孝弟以明開宗設教之體，緊接即舉禮樂，以達明義敷教之用。民者，統生民之詞。（譬之猶佛經統凡聖皆曰衆生。）凡民用以此禮樂之教而家和族睦，周禮六德末次「中」「和」，六行「孝」「友」之次以「睦」，禮之用，和爲貴，先行於家庭，然後能及遠睦，謂睦族。易曰：「有君臣然後有上下，有上下然後禮義有所措。」人情皆好自尊，聖人作爲禮教，以自卑而尊人。非有上下之等，禮教無由而施，非自卑尊人，禮節又無所措，而固非人情之所自願，故因人情而爲之節文。先教以自情，分别所發之敬心而爲之禮節，故廣要道章提出禮樂，以明教宗。夫禮以強教之，樂以易安之，先王禮樂本交相爲濟，而樂必附禮而後能施於教中。故群經并重禮樂，而舉禮之條文至繁，舉樂之條特少。故廣要道章并舉禮樂而歸納於禮，又揭禮之根源曰：「禮者，敬而已矣。」後人讀書不細審前後章句，至此斷章取義，鹵莽武斷，將此一句納於宋學家相傳性理心學之夾中，謂禮不相沿，學禮者，惟在敬而已矣。殊不按下文所申解敬之藴義，謂「敬其父則子悦，敬其兄則弟悦，敬其君則臣悦」。而其下章廣至德又云：「教以孝，所以敬天下之爲人父者也；教以悌，所以敬天下之爲人兄者也；教以臣，所以敬天下之爲人君者也。」信若道學家所言，斯言何解？乃爲之強解，實在可解不可解之間，則亦惟以不解解之而已耳。設爲上下之位，拂乎人人自尊之情，是以民怨其上，習成通論。（見左傳「盜憎主人，民惡其上」。）今教之以禮，鞭辟入裏；教之以敬，自卑而尊人。如何始得其要道？必也就人有生以來所習相承，致其尊敬於己之父兄，以引之於道，是爲要道。故制禮之節文，於養老尊賢，定爲公例，國家天下尚以敬其父兄爲通例公例，目爲達尊。（通例即古言天下之通義，公例即共同之公理。）以此教爲人子、爲人弟者，自敬其父兄，自然悦而樂從。由此推暨於社會、國家、天下，事親孝，則忠可移於君；事兄悌，故順可移於長，習慣曉然。知上下即長幼之義，則上下無怨，而天下大順矣。

鄭重而問曰：「汝知之乎？」曾子於是皇然避席。侍問之禮，席間函丈有所更端，悚敬則降席，負牆而立。子先揭示提綱二語，使命復坐。又鄭重言曰：「夫孝，德之本也，教之所由生也。」指明以至德立教，乃所謂要道。一部大經，開宗明義曰「吾語汝」，乃云「身體髮膚，受之父母，不敢毀傷」，似乎關係甚小。况且髮膚之關於身體又微，似有可疑，不容疑也。修出世之教，以心爲起點；修入世之教，以身爲起點，此即孔門性道與佛教分界處。始於守身不辱，終於立身行道，人之在世者，由吾有身。終其生而身没，其能傳之於後世者，名也。俗學相沿，耳語目論，謂貴顯爲顯揚，太陋太謬。夫居官貴顯，所謂人爵，在古義固然當然大賢受大位，次賢受次位，非賢不得有位。顧天運推移，人事推遷，即盛世尚且不能無差，况事降運夷，入春秋世，君子小人已漸易位。至於後世學者，尚且忘乎貴與賢之本位，以苟得爲榮，雖仕宦至將相，繩以孝道，堪稱「其次弗辱」者殆不多人。夫事君不忠，非孝也；涖官不敬，非孝也；朋友不信，非孝也；戰陣無勇，非孝也。故非其罪，雖遭流貶刑戮不爲辱；當其罪，則一入爰書，贜私情實，即爲玷矣。死綏至怯如陳不占，猶賢於失律逃罪之馬幼常。龍、比之光昭青簡，關、岳之尊崇廟祀，無論矣。即司馬子長、鄧君章、蔡伯階、范孟博、韓退之、蘇子瞻、楊用修，亦名稱千古；來歙、岑彭、張飛、武元衡，不必問爲何人所賊傷，而寧爲袁粲，不作褚淵，流傳萬口。降而至如高兇之不負翟黑子，康海之不負李東陽，以視屠寄當世名流，特以賣友遺惡名於世，榮辱判然可知。此外如伴食中書、歇後宰相、曲子相公、對聯相國、降將軍，亦每封侯。義兒傳且有王者，斯皆未入孔門孝道之門者也，夫何顯揚之有，又何顯親揚名之足云！

請玩經文，曰「立身行道，揚名于後世」，夫乃謂之「以顯父母」也。重在行道二字，爲全經眼目。篇終重提結論，於孝之終始中間，間以中於事君一語，豈非贅詞？然非贅也。豈惟非贅詞，正是組織家庭、國家互爲其根之鐍鍵關要。董子春秋繁露通國身篇謂溝通小己之身，與國家同爲一物，乃發春秋之微義，即發孝經之微義也。夫士之所以必出身而事主者，爲行道也，即行其所學之道也。故學記曰：「學也者，學爲君也。」「知爲人子，然後可以爲人父；知爲人臣，然後可以爲人君；知爲人弟，然後可以爲人兄；知事人，然後能使人。」故又曰：「師嚴然後道尊。」道尊然後官正，官正然後國治，故子曰：「立乎人之本朝，而道不行，恥也。」及世衰道微，已知道不行於天下，而退而立教。據常識以爲教孝則已耳，何預人國？而猶必言敬事其君者，爲行其義也。何則？無論人間何世，所居何位，皆有其各盡之義焉，亦自可揚名於後世，以顯父母，而完成孝道。故子路之論荷蓧丈人曰：「長幼之節，既不可廢，君臣之義，如之何廢之？君子之仕於亂世，爲行其義也；道之不行，已知之矣。」此論家國不能分離爲二之理最精。何則？女辭家而適人，臣出身而事主，其義一也。必如此者何故？論父子天性，則孝爲原質。然祖之與孫，則有間矣。又何則？祖母本自外氏，母氏又來自別姓，以云血統，則祖母不若己母之母爲尤親也。然非立男統，則家庭不能成立，（説詳爾雅講義，易名今釋，有專書。）故制其家統，母自王母以上，均自外姓來歸，爲妣。父自王父以上，均以男統一系，爲家之主。子婦無論直系旁系，皆自異姓來從夫家，事其家尊，則全以名相繫屬。故子婦稱夫之父母曰君舅君姑，易所謂「家人有嚴君焉，父母之謂也」。又曰：「妻道也，臣道也。」由是成立家庭，列舉等位名稱，有高曾祖、王父、王母、嚴君、世父、叔父、諸母、君舅、君姑、少姑、諸姑、兄公、女公、冢子、長罤、伯姊、介弟、女君、諸娣、冢婦、介婦、庶弟、末妹、姒婦、娣婦、猶子、從子、幼子、童孫。家庭即備其君臣上下，實以名義爲主，非爲男統血統而設。治家治國，是同一法式。國家固由家庭起例，換言治家庭，又以治天下國家爲比例。故曰：「是亦爲政，奚其爲爲政？」孝經之教，合男女於一治，故引詩殷士祼將於京周之詞云：「無念爾祖，聿修厥德。」

天子章第二

子曰：「愛親者不敢惡於人，敬親者不敢慢於人。愛敬盡於事親，而德教加於百姓，刑於四海，蓋天子之孝也。甫刑云：『一人有慶，兆民賴之。』」

天地設位，聖人成能。故聖人之道，以位爲主觀，人爲客觀，逆旅爲主人，旅行爲過客，理本如是。聖人設人世之位，即是天地之寄象。孟子發明此義，屬之於周室班爵禄，明王政即是聖道，己之願學孔子。孔子法周公，周公之道傳自文王，而監於二代，思兼三王，一以貫之。故孟子屢稱周公、仲尼之道，而孔子云「夢見周公」，又曰「文王既沒，文不在兹乎」。漢師説春秋素王，即文王也。孝經以孝化成天下，故於開宗明義之次，即次以天子至於庶人。天子一位，公一位，侯一位，伯一位，子男同一位，皆君也。天子爲大君，五等爵統曰諸侯，爲分土而治之國君。春秋傳云：「天子，爵稱也。」等位不同，而同於君臨其國，故復次云君一位，卿一位，大夫一位，上士一位，中士一位，下士一位。彼經據王朝爲統系，則士分爲三等。群經據諸國爲主位，列國無中士，故合三等士爲一等。而天子元士以上，統於諸侯。將以孝治天下，必先以孝教天子。首舉天子之孝，似若千言萬語所不能盡。謹誦經文，乃只概括數語，首章即不可解，全經從何索解？唐明皇注、邢昺疏皆無可觀。孔安國注又屬僞託，今謹按「子曰：愛親者不敢惡於人，敬親者不敢慢於人」四句，確乎專爲天子説法。非天子則必有同等之人，雖賢者不能使人皆好之而無惡己者，其上又有所承事之人。除君之惡，惟力是視，即亦不能無惡於人。非天子則必有同列，不能使人皆不慢我。或因公義政見之不同，不能免同列之爭；或時諍於上位，又不能必其不以辭色相加，故書曰「無有作惡，遵王之路」，論語曰「無衆寡，無小大，無敢慢」，皆指王德而言。天子，大君，君天下之至尊，自無敵體惡慢之相加，故直詔以廣至德要道之方，以立廣孝治之本，推其愛親之意。設使有惡於國人，則無以對國人愛戴之心，或漸至積疑生謗，積微成著，即已失其所以爲君，不待至厲王使巫監謗，流王於彘，始悟爲亡其身以及其親也。設使有惡於臣下，則無以合萬國歡心，以事先王，不必待河上逍遙，取麥取禾，周、鄭交惡，始悟其爲君不君，臣不臣也。推其敬親之心，則孝治章所云：「不敢遺小國之臣，而況於公、侯、伯、子、男乎？」小國之臣謂陪臣，與王朝來接者。公、侯、伯、子、男統王朝公、卿大夫、元士。既爲大君，君天下，無人不敬。設使已有慢心，而使臣不以禮，己不勝其大孝尊親之責任，而失其象賢崇德之本心，不待至肆心周行天下，舉烽戲召諸侯，而始悔之已晚也。故直下承當曰爲天子者如此，始得謂之愛敬盡於事親，而德教即加被於百姓，而四海奉爲典型，斯爲孝治天下矣。原夫貴爲天子，富有四海之內，萬方之養，宗廟之隆，世所求乎愛敬其親者，無有不足，所承者厚，所報者隆，實必德教加於百姓，刑於四海，始足以完其愛敬事親之道。故結云：「蓋天子之孝也。」他章皆引詩爲證，此獨引書「一人有慶，兆民賴之」。「一人」謂天子，禮：「君天下曰天子，受職任功曰余一人。」明天子之受職任功，即其盡事親之孝。兆民賴孝治而民成，一人乃受其慶賞，非如公卿諸侯之加地進祿，即爲有慶也。尚書者，道政之書也。

諸侯章第三

在上不驕，高而不危；制節謹度，滿而不溢。高而不危，所以長守貴也；滿而不溢，所以長守富也。富貴不離其身，然後能保其社稷而和其民人，蓋諸侯之孝也。詩云：「戰戰兢兢，如臨深淵，如履薄冰。」

諸侯者，世守封地之君，以君其國，子其民者也。承受於開國之先君，受命於天下之共主，生成富貴，不可離其身。非失國黜爵，則自然長守富貴，以成其奉先之孝。君臨一國，本然在上，居上以不驕爲義，即孝治章所云：「治國者不敢侮於矜寡，而况於士民乎？」同列之班，更不待言。不遭讒嫉，庶無罪悔，則居高而不致有危。一國之富，宗廟百官之美，無所不足，亦易蹈於驕淫。五等之封與王朝公卿大夫士比秩而加一命，古之九命，即後世九品。但古制以多爲貴，後世以少爲貴，恰是反比，詳見拙著周官命數表。其宫室、衣服、車旗，皆各以命數爲節，定有制度。制其節而不過，謹其度而不踰，不奢不僭，財自有餘。居常豐亨滿足而不溢於度外，則國不患貧，而世祿饒益，富貴長守，不離其身。安富尊榮，名顯四國，則社稷弗辱，而人民和樂。諸侯之孝，重在保其社稷，和其民人，故須謹持保其富貴，惟恐失之。此亦專以教國君之孝，正如鐵案不移。俗説誤解爲通常之義，卿大夫若執此爲孝，即成患失無所不至之鄙夫。士、庶人若執此爲孝，即多非分貪緣，無理劫貸。（二字見漢書食貨志，即今時之盤剝放債。）種種敗行，因緣而生，不可不察也。此即朱子致疑大孝尊親，天子之尊祖，嚴父配天，或致人臣有非分之想。視綫一差，漸至疑經非聖，又不可不察也。由於末學支離，不通章句，輒談大義之故也。每章皆重提曰「蓋天子之孝也」，「蓋諸侯之孝也」，唯其漢後學者謬以經傳爲文辭，未常求義，直學作文，視爲文篇之架調云爾。引詩「戰戰矜矜」、「臨深履薄」爲世承富貴，君臨一國者，示其要道也。

卿大夫章第四

非先王之法服不敢服，非先王之法言不敢道，非先王之德行不敢行。是故非法不言，非道不行，口無擇言，身無擇行，言滿天下無口過，行滿天下無怨惡。三者備矣，然後能守其宗廟，蓋卿大夫之孝也。詩云：「夙夜匪懈，以事一人。」

卿大夫之孝，重在有宗廟，承先啟後，謂之有家。位進於士，四十、五十命爲大夫，居首位執政爲卿，即與國同體，爲輔佐孝治之人。故孝治章舉言：「治家者不敢失於臣妾，而況於妻子乎？」孝治之道，先治其家，而及於國。有國者，以化行於國爲限量；有天下者，以化行於百姓，光於四海爲限量；有家者，以孝傳於家，表率士民，奉天子之孝治，施於四國爲限量。此主王朝卿大夫，故引詩「以事一人」。王朝卿大夫與諸侯同等，除公受成國之外，其受采與出封不同，食封不全，置官不備，則富貴不如諸侯。俊選起自田間，國子興於國學，天子隨時可以與奪黜陟，即不得視同建置社稷、分茅胙土之諸侯。

富貴可世守長保，則其受爵食采，不外於德進、事舉、言揚，故教其孝道，以法言德行爲主，必則古昔，稱先王，見於曲禮。臣下固無敢作繼體守文之嗣，君亦無敢作也，而此經冠首以先王之法服，其意何居？可以思矣。

三代始有天下之王，皆必聖人，亦即天子爲聖人之位之定理。其所制制度，天下服從。爲卿大夫者之先人，亦既服從者累世矣，豈得自我而違之？若自我而服非法之服，即是自背其先人，不孝莫大焉。但禮親二代，爲尊賢也。其義爲前代二王之後，其始王亦皆聖王，故通三統，俱稱先王，非天子不議禮改制，而學者稱先王，可以考禮議禮。故首言法服，次以法言，次以德行。而此下單承側注言行，致於口無擇言，身無擇行。孝行之節目，詳見於曲禮，極其淳深，至於不登高，不臨深，不服闇，不苟訾，不苟笑，行不履閾，立不中門，無往而不以懼辱親自警，故曰：「孝子之有深愛者，必有和氣；有和氣者，必有愉色；有愉色者，必有婉容。」此言孝德之極，謂至是自然惡言不出於口，怨言不反於身，嗔恚悉泯，率慢俱無。淨法之八萬細行，無以加此。但此經於此又重提「是故非法不言，非道不行」，乃緊跟上文「先王之法」，而直接云「口無擇言，身無擇行」，謂一是服承於先王之法言道行而已，無所於擇，與曲禮之教孝行、孝德，逐境引入深細者不同。彼屬通教之擇言擇行，此爲立教之示範，孝治之法程，即內聖外王之表現。所謂範圍天地之道而不過，曲成萬物而不遺，故曰：「言滿天下無口過，行滿天下無怨惡。」「遵先王之法而過者，未之有也。」「無有作好，遵王之道；無有作惡，遵王之路。」王朝卿大夫佐王出治，故其言行樞機所發，遍及天下侯國。卿大夫佐其國君，亦分布王政以廣孝治，名卿大夫聲施四國，其揆一也。故其章引詩「夙夜匪懈，以事一人」，廣孝治章則引「有覺德行，四國順之」結，并承上文云「三者備矣，然後能守其宗廟」。卿大夫立宗廟，先王之制，無改法服，乃能長守宗廟。此中寓有微言，以俟後聖者也。

士章第五

資於事父以事母而愛同，資於事父以事君而敬同。故母取其愛，而君取其敬，兼之者父也。故以孝事君則忠，以敬事長則順。忠順不失，以事其上，然後能保其祿位而守其祭祀，蓋士之孝也。詩云：「夙興夜寐，無忝爾所生。」

修君子之行，自爲士始。出身而事君，亦自爲士始。由家庭之順德而交際於國家，亦自爲士始。然則孝之中於事君，自士始也。前説在家之婦道，比例於在國之臣道。再究根源，子之事母，比例於女在室事父母之道。在家子事父之道，即比例在國事君之道也。士大夫有妾媵，則子有不同母，共出一父，則父爲家尊，上逮事王父、高曾祖王父，則王父、高曾王父爲家尊。或不逮事父，而世父、叔父統家，則猶子、從子亦奉以爲家尊，即皆家之君也。據子若子婦共事父母而言，則家人有嚴君，父母之謂也。故喪服傳曰：「母，至尊也。」據異母子對父母而言，則己母爲私親，而父乃家尊。故喪服：「父在，爲母降」，傳曰：「父，至尊也。爲人後者，則其本生父母爲私親，所後者爲家君。」以此推例，演爲倫理，士出身於國而事主，則父母爲私親，而君爲國尊。喪服斬衰章又云：「君，至尊也。」國尊視其家尊，換言之，即家君例如國君也。所謂經緯人倫，組織細密，絲絲入扣，鍼孔相符。故云：「資於事父以事母而愛同，資於事父以事君而敬同，兼之者父。」以其爲私親，則重在取資於愛；以其爲共主，則重在取資於敬。資之義，猶云儲備，儲備所以事親、事君者，惟於父。則在國爲私親者，在家爲共尊，能以事父之孝敬事君，則必忠於君矣。顧爲士初仕位卑，必且年少，於其家有伯叔父母、諸姑伯姊，皆屬家之尊長。於其國比例，則部屬之長官，學官之師長，年輩之先進，事同一例。則當推其敬事君父之順德，以事其長上。論語：「子曰：『出則事公卿，入則事父兄。』」其一義也，即其揆一也。禮四十五十始命爲大夫，方爲士，年少位卑，故以忠順事上，爲孝行之表見，知事人然後能使人也。位在百司，執事不在圖議國政之列，即不得位卑而言高。尚有父母在，逮事親之年，則當營祿養，積資累勞，得受圭田，以奉祭祀。故詔其孝道，重在保其祿位而守其祭祀，即君子思不出其位也。引詩「無忝所生」，以明次孝弗辱。

庶人章第六

用天之道，分地之利，謹身節用，以養父母，此庶人之孝也。故自天子至於庶人，孝無終始，而患不及者，未之有也。

自天子以至於士，皆各就其位之等秩，詔以各盡其道之天職。各盡其應盡之天職，即是各盡其能盡之子職，乃以成孝治之天下。此中微言，隱而不發之奧義，即含有天地大父母之深理。春秋穀梁傳曰：「獨陽不生，獨陰不生，獨天不生，三合然後生。」人，貴者得貴稱，賤者得賤稱，故或曰天子，或曰母子也。禮曰：「物本乎天，人本乎祖。」後生淺學小慧，反詆此言爲二本，不知人之知識靈於萬物者，以有五官百骸具足之身。由此始知身之所自來，先知有母，次知有父。再推父之父，始識有祖。身固屬天地之委形，祖猶是天地之委蜕。但以位爲主觀，或曰天子，或曰母子，據所已知某母也。所生之子，由後以推前，即果以求因。知某子者，上推其前，乃知爲某祖之孫也，故必别其所分屬。而人本乎祖，乃以立人倫之教，而人道始成。西人粗識，謬説中國孔教不知有天，當於五倫之上加以天倫，此乃耶教掇拾佛典之土苴，而未明佛乘主張還元，不主張發育之微細。智又未明去來今刧，眷屬因果相尋，所以發心度盡衆生之無量義，又安知聖人之致廣大而盡精微，乃完成此天經地義乎！庶人無位，而爲生人之本位，以孝治化成天下，又必須注重在多數之庶人。顧其所受於天祖而分屬於其父母，只合得此養生送死之微分數。爲主孝治者立算，應設有天子至於士五等之位；爲受孝治者立算，則須歸還其平等無位之本位。其分屬既寡，其責任自輕；其知識既短少，其職分自當簡易。故詔庶人之孝，祇要言四句曰：「用天之道，分地之利，謹身節用，以養父母。」人以食爲天，故國以農爲本。帝典之「欽若昊天」，專注在「敬授民時」，即農時也。故愚按夏小正爲古代普及之教科，以授時爲主，而間及國政，與庶民之交際，兼教普通文法，（詳夏小正古文法令釋）所謂用天之道。周官司徒之教，以十有二壤之名物，分掌於稻人、草人諸官，皆庶民所應公知，所謂分地之利。如此即已成其民格。益詔以謹身不敢爲非，節用不敢踰分，就百畝之分，所入以孝養厥父母，安居樂業，又爲之雞彘桑麻之制，老者衣帛食肉，百室盈而婦子寧，於是乎康樂和親，爲一書而孝治廣矣。

上章皆言蓋天子、諸侯、卿大夫、士之孝，蓋者，不盡之詞。此章特斷言曰「此庶人之孝」，此者，盡詞也。廣孝治者盡於此，廣聖治者亦無以加於此也。此即無君子莫治野人，無野人莫養君子之義也。故總結諸章云：「自天子至於庶人，孝無終始，而患不及者，未之有也。」他章皆引詩爲證，此獨不引，教庶民者不必文言之也。孝無終始，謂大孝尊親，其次弗辱，其下能養。始於事親，中於事君，終於立身，非一段終結，更從一段做起。在各素其位而行，方終方始，固不能責庶人以德教加於百姓，亦不得詔以富貴不離其身，且無望其以孝事君之忠，豈得期以言無口過，行無怨惡乎！君子之孝，自不容以謹身節用，能養父母爲終事；庶人之孝，但能謹身節用，以盡孝養，亦何患有愧於「其次弗辱」耶！故曰：「孝無終始，而患不及者，未之有也。」至如大孝尊親，疑若非在天子之位，則有所不及焉。然以觀於孔子之行在孝經，崇封五代，則有聖人之德者，亦不患無其位而孝不及也。

三才章第七

曾子曰：「甚哉，孝之大也！」子曰：「夫孝，天之經也，地之義也，民之行也。天地之經而民是則之，則天之明，因地之利，以順天下，是以其教不肅而成，其政不嚴而治。先王見教之可以化民也，是故先之以博愛而民莫遺其親，陳之以德義而民興行，先之以敬讓而民不爭，導之以禮樂而民和睦，示之以好惡而民知禁。詩云：『赫赫師尹，民具爾瞻。』」

自天子至庶人，各明其應盡之孝道，則民之行成矣。故次以三才章即天之經、地之義、民之行。此民字亦即首章之民字廣義，猶佛典統聖凡皆謂衆生。董子春秋繁露釋此經精義云：「地之事天，猶王者之事天地，人民之事父母。凡天之所生，皆地之所出。至如雨雪皆謂天雨，莫曰地雨也。」是則地承天時行而歸本於天，人受中以生，實生於地。故佛典説食地所生之穀者，終不能離地而存在。人受生於地，即法地事天之義，以成民之行，孝道乃於此成立。復次即承上文，歸納地之義於天經，故撮合二語爲一辭曰「天地之經而民是則之」，謂人之法地，亦復如是。取則於此，復次單承則字，其語專屬於天者。上文民字即統凡聖，而同於爲人。其所以爲民表，義有精粗，程有深淺，而要歸有同點所在，則統括爲詞。其所取則之知識，屬於天所降衷之明，其血氣身體之所養所因者，地產之利。順化而生，順化而盡，其間必用順德之行，則聖凡所共。雖有以孝治天下之明王，順孝治之凡庶，宜有差別。而要之各盡所能，合之乃爲化成天下，故云「以順天下」，即首章「先王有至德要道，以順天下」。

故次以「是以」提出政教。肅敬威嚴，政教之作用，但推原順德之本，乃因人之天性。順施而行之，不用敦肅而教自行，不加嚴勵而政已治。教爲政之原母，故次又重提先王，單承教化云：「先王見教之可以化民也。」周禮教國子三德，一曰至德，以爲道本，即論語次章之舉孝弟爲經，結云：「君子務本，本立而道生」，亦即此經首章「先王有至德要道，以順天下」，下章廣要道、廣至德所發明以順天下之理由，與上相覆，與下相起。再從人受中以生，同具於天性之起點次第而陳説其故，人生同具之天性，只是受得天地之生氣，故有愛力，即禮記所云「天地之仁氣也」。初民之知識，尚無所辨擇，只示以博愛，則心所共知，即明此一端。思悟漸次入裏，乃知身所從生，由孩提孺稺所親者而親之，其始祇屬博愛中之一分，知其他之當博愛，則於其所親之愛不當有遺，即墨者夷之所謂「愛無差等」。施由親始，而至今耶教猶專以博愛爲主旨，尚未進於父子有親，即是本經舉施教次第之初步，至是然後「陳之以德義而民興行」。德義連文，先見於尚書傳，禮記保傅篇，指謂德之見於行事者謂之德義。陳之以德義，即保傅云：「師者，教之以德義。」謂由此進化，揚榷而陳之，若何之行誼合於德義，若者之行誼謂之德義興興也。（去聲，今蜀語，猶古語謂兩人競作，云「興他興我」。）相觀而起，見人稱若彼之行義而亦效而行之。復次「先之以敬讓而民不爭」，此即廣要道章「禮者，敬而已。敬其父則子悅，敬其兄則弟悅，敬其君則臣悅」之原點。敬讓連文，亦是以敬爲讓。告以其所親者，內有父兄，所當敬而讓之；推及外有君長，與家之父兄同例。先爲之示範，以止其爭，由淺而入，民即知以不爭爲敬讓。古義之君字，皆取廣義。凡一部分之首長，皆統謂之君，故莊子云：「無往而非君也。」曲禮記云：「夫禮者，自卑而尊人。雖負販者，必有尊也。」即因其本然心知之所尊而推之，以立君臣之義。知不爭之爲敬讓，則敬近於禮，而可以學禮。乃於是「導之以禮樂而民用和睦」，即覆開宗明義章明周禮六德六行，普及萬民之教。禮者，由博愛、德義、敬讓組織而成，以爲朝聘、燕饗、冠婚、喪祭、射飲、相見各篇之節文。因時際會，就事演習，而以樂緯之於其間，使人優游灌輸，浸漬饜飫，而樂於行禮。又以使人情之所樂，皆歸納於禮而引之於正，是以民用是之，故而有中和之德，睦姻任恤之行，皆以孝弟爲綱領，而演成禮文，以爲之節目。例如內則一篇，標明是子事父母，婦事舅姑之節目；弟子職一篇，是標明弟子事長老之節目；曲禮上下篇，是條舉自居家庭，處宗族，以及交際於社會、國家之普通爲人處世之節要，而連帶演說理由，以教普通之知識；祭禮是事已歿之親，追報父母以上之祖，若考妣喪禮，係聯合存歿親疏之際，全用節文，以導民性，引而致之於孝敬之極點，以生其永久之和睦；冠昏是示爲父兄者爲其子弟之事，却對照即是教民孝弟之前塵影事也。其整篇之節文，在儀禮十七篇。一部禮記，皆其條文之逐條説明也。故孟子曰：「禮之實，節文斯二者。」禮爲具體，樂爲抽象，人情皆有所樂，以生禮教。失其範圍，則有非禮之禮，亡於禮者之禮，由風俗而演成，又自演爲風俗。如今世通俗所行之昏喪賓祭，大率皆以意爲之。外域亦自有其結昏、燕客，俱可以單簡一言括之，皆沿於庶人之禮耳。庶人無祭，禮記云：「庶人無廟，薦於寢。士有田則祭，無田則薦。」「父母之喪無貴賤」，專爲服制言。記曰：「庶人不槨，旋窆而葬，面垢而已。」凡居喪之節，皆不責於庶人。無祭則無虞，無廟則不命子，不廟見，非命士父子不異宮，則不得質明始見舅姑。無賓燕則無相見禮。故冠、昏、喪、虞、相見，諸篇皆題曰士禮，惟鄉飲、鄉射，則庶人皆得與焉。以責之孝弟者略，故其教之孝弟也簡。但使之觀禮，以知好惡而已。故次云：「示之以好惡而民知禁。」易曰：「何以聚民曰財。理財正辭，禁民爲非曰義。」詩曰：「示民不佻，君子是則是效。」示民不佻，禁民爲非，即本經「示之以好惡而民知禁」。有亡於禮之禮，即有亡於樂之樂。原人情必有樂，夷俗多好歌舞。自後世雅樂廢而梨園教坊起，至今有戲園，以至洋琴、大鼓、灘簧，仍屬人聲與樂器相和，成聲成文，然適與禮樂之雅樂所教相反，甚至以相反爲教，世道安得而不墮落！教孝弟之禮文，質而擬之，即如佛道家之一壇法事，亦如一段劇本。士君子習而演之，使衆人聚而觀禮其間，用樂詩鹿鳴所稱鼓瑟琴，吹笙，吹簧，即指儀禮燕射之樂。堂上瑟歌，堂下笙詩，間歌三終，合樂三終，文舞武舞，並作極觀，聽之歡欣。譬如演劇與觀劇者同樂，而示民以莊重不佻，同其好惡。其君子相觀而善，迭相則效，詠歎流溢，以灌輸於人心，譬之觀劇者耳目所注，久則當行，能分別其良否，所見略同。書洪範所謂「無有作好，遵王之道；無有作惡，遵王之路」，此之謂王化之成。内聖外王之道，無往非提起教孝教弟之精神，寓之於五禮六禮節目之中。（周官目五禮：吉、凶、賓、軍、嘉。賓、軍二禮，天子諸侯主之，屬國禮。司徒六禮，冠、昏、喪、祭、鄉、相見，士爲主體，屬鄉禮，故題篇皆云士禮。五禮統括六禮，六禮屬吉、凶、嘉，無賓、軍二禮。）故曰：「堯、舜之道，孝弟而已。」故孟子曰：「樂之實，樂斯二者。樂則生矣。」即新界語所云精神上之生活。尋味而不能自已，不自覺其手舞足蹈，謂引好樂之人情，納而範之於和睦。家庭宗族推鄉禮而廣爲國禮，視一國如家庭、宗族，所謂僕射如父兄也。禮曰：「樂自樂此生，刑自反此作」，正本經「示以好惡而民知禁」對勘之證。故論語次章云：「而好犯上者鮮矣，不好犯上而好作亂者，未之有也。」

通章主謂化成天下，而結引詩「赫赫師尹，民具爾瞻」，其義何居？師者，教官及學官；尹者，行政至執政。内聖外王之道，在以禮教成孝弟化民，責在位之君子能舉其官也。故曰：「守道不如守官。」起下章孝治。

孝治章第八

子曰：「昔者明王之以孝治天下也，不敢遺小國之臣，而況於公、侯、伯、子、男乎？故得萬國之歡心，以事其先王。治國者不敢侮於鰥寡，而況於士民乎？故得百姓之歡心，以事其先君。治家者不敢失於臣妾，而況於妻子乎？故得人之歡心，以事其親。夫然，故生則親安之，祭則鬼享之，是以天下和平，災害不生，禍亂不作。故明王之以孝治天下也如此。詩云：『有覺德行，四國順之。』」

承上章。「昔者明王以孝治天下」，首開宗明義，次以自天子至於庶人，盡人群之等，爲分別施行禮樂之位，而孝弟之道充滿其中，塞乎天地之間，乃所謂際天蟠地。三才亦孔門特組之名詞，聖人貫通天地人之道，效地法天，爲人倫之代表。承天地之宗子，乃爲天下所歸往，而爲域中四大之王，王道乃由此出，故曰「内聖外王之道」，又曰「聖人，人倫之至也」。張橫渠西銘在理學中最淵深博大，今人但只稱「民吾同胞」一語，而不解

「大君者，吾父母之宗子」也。其實今人所稱同胞，乃從耶教西方。學者演傳而轉輸於淺學，第引西銘作證，學界不能破也。實則張子見到原本，詞非一偏，既探元於乾父坤母，自當見得物與民胞。然既知得天地父母、民吾同胞之神理，即應知得大君爲吾父母之宗子，宰臣爲吾宗子之家相。新界淺生耳，學固只聽半句，不待詞畢，即已鼓掌譁然，所謂「聽言則對」；舊學陋儒，讀書亦原只截取數句，又不求甚解，非所謂「誦言如醉」者乎！

統群經，則孝弟爲禮樂之原理，禮樂爲孝弟之應用；就本經，則開宗明義合三才章爲孝弟之原理，孝治、聖治章爲孝弟之應用，廣至德、廣要道章爲孝弟禮樂之效果。此章標名孝治，是統天子以至於士，各盡之孝道，導天下以禮樂，而施行其孝治，各有分數。未嘗引禮之條文，而各有其範圍，如其禮度之縮影。

明王謂天子，故以治天下爲前提；治國者謂諸侯，治家者謂卿大夫，而士亦歸納於中。受采者爲有家，四十五十命爲大夫，非短折不祿，不以士終。而宗子守圭田，奉祭祀，亦比於有家。士則有妾，有妾即有臣。士之臣即其僕役也。大夫始有家臣、室老，其秩得比於士，故曰：「大夫有貴臣、貴妾，士有長妾，無貴妾。長妾謂始爲士所取，相從久及，生有子女。」故禮云：「大夫不名家老、室婦，士不名長妾。」古於婚姻最嚴，士只一妾，及爲大夫，應增置妾，則須取於有姓之家。或娣或媵，各有名分，視其母家身分爲之兩等，故有貴妾。其取自寒微無姓氏小家，乃所謂不知其姓，始有買妾，故云：「買妾不知其姓，則卜之。」非如後世之紊亂無章，有財者任自爲之，豪貴者動無限制，如所謂田舍翁多收十斛麥，便思易婦，亦無所謂後庭絲竹聲伎滿前也。

禮教廢而世衰道微，以至今日世俗，竟自承爲多妻之制，可爲噴飯，何其陋耶！先王之制，原國家、家庭之關係而制其財產，今乃因財產之關係而僅有家庭，世學所稱五達道之僅存者，固賴有此。而其間兄弟爭財，謀繼圖產，晚母威姑之虐待子婦，嫡室之殘暴妾婢，夫男之偏私妾婦，破亂家庭，訟獄累累，所在而是，家庭之幸存，亦甚可危矣。此無他故，產業與財用兩俱無度，互相弛驟，則禮義無所措，而孝弟之教無由施也。雖日誦勸孝弟之言，亦惟輾轉相傳，作中國之陳設品，學者之門面語耳。觀於本章結論「是以天下和平，災害不生，禍亂不作」，對照可知，不和不平，則災害生而禍亂作，隨發立應，速於影響。災害禍亂，今日之至於斯極者，推原其故，亦無他故，上下相怨而不和，財產傾奪而不平耳。非舉明王孝治天下之道，謹修其禮制而審行，天下無由而治也。故重覆章首之詞云：「故明王之以孝治天下也如此。」天子諸侯，先君沒然後嗣位，故主於孝事宗廟，稱先王先君。卿大夫、士先其生事，而死事之禮在焉，故雙承三節云：「生則親安，祭則鬼享。」

引詩通結上三節，「覺」即「先覺覺後覺」，臨民者，亦先覺也。古之臨民稱君子者，必從族塾書其敬敏、有學，而來必取其先覺者也，非先覺者不得與於其選也。孝治主旨，在化萬衆兆民，而其責在天子、諸侯、卿大夫、士，不責之庶民也。詞引四國，統君卿大夫士，皆有責焉，非匹夫有責也。新學誤讀顧亭林語，彼云「天下之亡，匹士有責」，非曰「天下興亡，匹夫有責」也。哀明季士習民風之壞而有此言，謂有罪責，非云責任。此又讀爾雅不熟，死未知冤之喻也。

聖治章第九

曾子曰：「敢問聖人之德，無以加於孝乎？」子曰：「天地之性，人爲貴。人之行，莫大於孝，孝莫大於嚴父，嚴父莫大於配天，則周公其人也。昔者周公郊祀后稷以配天，宗祀文王於明堂以配上帝，是以四海之內各以其職來祭，夫聖人之德又何以加於孝乎？故親生之膝下以養，其父母日嚴。聖人因嚴以教敬，因親以教愛。聖人之教不肅而成，其政不嚴而治，其所因者本也。父子之道，天性也，君臣之義也。父母生之，續莫大焉；君親臨之，厚莫重焉。故不愛其親而愛他人者，謂之悖德；不敬其親而敬他人者，謂之悖禮。以順則逆，民無則焉，不在於善而皆在於凶德，雖得之，君子不貴也。君子則不然，言思可道，行思可樂，德義可尊，作事可法，容止可觀，進退可度。以臨其民，是以其民畏而愛之，則而象之，故能成其德教而行其政令。詩云：『淑人君子，其儀不忒。』」

智、仁、聖之名義，有周、孔古今義之異同，又有儒、道、墨三家之異撰。周禮六德，首智，次仁，次聖。證以尚書古義，聖與哲、謀、肅、乂並列，涵義相符，即訓爲通。莊子所稱「聖人」，即謂通人。故周公六德，列聖於仁、智之次。墨經名學，詮解智、仁涵義甚狹，其明鬼之目聖人，程度亦不甚高。外如佛典最推重智，而智有兩層六度。既以智爲究竟，而十波羅密終以一切智智。梭格拉第所稱愛智，乃佛乘所説之一切種智智，所謂參透究竟，有如實知。推究字源，可明所以然之故。矢口爲知，知覺相符，則直宣於口。直宣於口，則知達於心。知白爲智，白者，古文自字。知自、自知，皆鞭辟入裏。一層即一切智智，猶云一切知智。故孟子始並稱五常，而於智之詮義，每有差別。如云：「所惡於知者，爲其鑿也。」與佛典重智愛智之言詮距離甚遠。仁字亦然。從千心則謂人群所同之心理，從人二則謂仁偶相愛之感覺，從人人則謂人爲天地之仁，仁又爲人中之仁，如果實之仁也。孔門設教，特立君子之名，則推崇仁智之至者爲聖。聖從耳呈，最爲難解。蓋即耳順之義，見淺見深，檃括始終條理，殆微言也。古文或用呈字，壬字。自孔門後，儒家相承，荀、孟皆發明善人、士、君子以上之德等名稱，以聖爲極則。故曾子於聞三才之要道後，次舉聖人之德爲問，意聖人之德，或有加於孝。夫子直揭孝道之源於天生人，歸結於人配天，所謂人倫之至，即人道之極。獨舉嚴父者，天以陽爲統，人法天，故以男爲統。禮：「郊祀，大報天而主日，配以月。」月之配日，與地之承天，其義同。人子之事父資於事君，其敬又同。故宗廟之祭，以妣配祖，而郊宗之祀，以人配天。大傳曰：「自内者，無配不行；自外者，無主不至。」即此義也。周禮有方澤祭地之特祀，而孔門所考訂演說，則統於郊天。於方澤減殺其禮，合之於秋嘗之社。西人說月行星皆一地球，古宣夜家，亦主此說。緯書說地靈名曜魄寶，與鄭康成引緯說五帝，東方青帝靈威仰、南方赤帝赤熛怒同其謚號。然則月即地靈，主於西方，不主太白，故董子以孝子之行，忠臣之義，皆法於地也。黄石齋孝經集傳說月者，天下之至孝也，天下之至讓也，天下之至敬也，天下之至順也。四者至德，而孝子法之者，人，月之所生也，釋董子「天之大數畢於十旬……陽氣以正月始出……積十月而功成，故人亦十月而生」。黄氏深於易數，此由易數而推，義甚精微。以明祀天不以地配，而月、星、風、雲、雷、雨皆從祀於郊。郊宗祀天帝，皆以祖配。其所以然之故，此經學家所宜知，非常識公知所必問。但即此可以證明聖人之制，惟天子得主祭天，而此下皆爲助祭執事，非西人野說人人皆當祀天之淺義所能議其毫末也。

嚴父，即是主敬事君之義。父者，逹於高曾祖王父，推之太祖，亦曰太祖王父。其後儒者，祇持庶人之義，是以末俗相承所謂孝者，亦祇知厚於父母，而略於王父母以上；厚於生養死葬，而昧於報本追遠，尊祖敬宗，收族奉先。思孝之旨，其實皆未聞士君子之道也。人之行，至嚴父配天爲極則，而獨舉周公其人者，何也？周公，聖人，佐武王開國，踐祚攝王。聖人本當在天子之位，且既已攝王踐祚，而仍復子明辟，退居臣位，仍佐天子。承文、武之德，制禮樂，定太平，追王太王、王季，上祀先公以天子之禮，告孝治功成。故本經撮舉郊祀、明堂二大禮，以證嚴父配天，而顯其「合萬國歡心，以事其先王」之實證。

曰「是以四海之内，各以其職來祭」，此即能以天下爲一家、中國爲一人之實際。故重言之曰：「夫聖人之德，又何以加於孝乎？」次以「故親生之膝下以養」，兼父母並提，故次曰「父母日嚴」。嚴固主於事父，而宗廟妣配，亦即與祖配天一例。故又雙承愛敬，以名聖治之所由成。以養斷句，此養字兼父母養子、子養父母兩義，仰事俯畜，習與性成，則子之對於父母，日見尊嚴。是以聖人因其良知之已然，以教愛敬。再覆上章「不肅而成，不嚴而治」，增以注腳説明，云其所因者，乃人心之德所發源處，即覆首章「夫孝者，德之本也，教之所由生也」。再申之曰：「父子之道，天性也，君臣之義也」，分疏愛敬二句，是順遞而下，非平列。謂「資於事父以事母而愛同」者，因其本然之天性也。「資於事父以事君而敬同」者，緣父之統家，猶君之統國，即家之君也，故云「君臣之義」。如誤解作父母由天性，君臣以義合，則經文何必横插一語，又不能用「之」字契合其詞。正謂緣父子之天性，而勘合以君臣之義，以立家庭之孝治。黄氏集傳引「子云：小人皆能養親，不敬，何以辨」，曾子曰「孝有三，大孝不匱，中孝用勞，小效用力」釋庶人章，證於禮記「親之所愛亦愛之，至於犬馬盡然」，與論語「至於犬馬，皆能有養，不敬何別」，足徵士君子之孝與庶人之孝分别，在能敬與不能敬。備禮而將以誠，乃可謂致敬。但禮節過嚴，誠愛必疏，故必交修，始爲能盡其道。知此，則論語之答問孝，其言各有分際，義皆通矣。

「父母生之，續莫大焉；君親臨之，厚莫重焉。故不愛其親而愛他人者，謂之悖德；不敬其親而敬他人者，謂之悖禮。以順則逆，民無則焉，不在於善而皆在於凶德，雖得之，君子不貴也。」漢書藝文志注諸家説未安處，以校中古文，奪誤四十餘字。此處舊説誠未安，義隱而難解。謹按父母君親對舉，即重申事父與事母愛同，事父與事君敬同。其間相繼續之事，惟父母生子，養以成人，其事爲大。父子天性，而以君道臨之。推此義例，父母對於家人統謂嚴君，則以親厚之情而加以嚴重，故云「厚莫重焉」。「不愛其親而愛他人」，即指博愛而無差等。「不敬其親而敬他人」，即分晰庸敬與斯須之敬，明義内非外。孟子與諸人辨仁内義外，即發明此旨。博愛不可云非德，汎敬不可謂非禮，但不根於孝德以爲道本，（周禮三行，見前注。）則可以謂之悖德、悖禮。若持此以爲教，是反其本然之順德，而使人則效其所主之悖德、悖禮。悖字，古文作𡗋，兩或相倒。時俗語所云顛倒錯亂，則民無所取。則縱有才辨知能，後世有述焉，然非吉德，而所存察於心者，皆屬於凶德。所存察者，皆凶德也。此其爲異教者，亦自有所得，然非君子之道。即提出設教標宗，立君子之名義。所謂君在，察也；善，吉也。如異學説人中以小孩爲最大，某陋生駁民之秉彝，不在懿德，天演論駁恕非人情，其心子之道四，即子、臣、弟、友之道。其一則夫婦之倫，側重在女教。詩屢稱「女士」，教女德有士行也。男正位乎外，國家由家庭起例；女正位乎内，家庭又由國家起例，互爲其根也。故特提起下曰：「君子則不然」，可道可樂，可尊可法，可觀可度，皆屬他人見得其如此。可道之道，非先王之法言不敢道，即俗語之言道，小説家乃習用之。經傳惟論語與本經用此義，文史家所不述。故於「道千乘之國」不得其解矣。「以臨其民」，上兼天子，下及諸侯、卿大夫、士。卿大夫、士中於事君，上事君然後得下臨民，所治有廣狹。故次其民統結以成其德教，即孝德以爲道本，而行其政令，即至德以爲行本。三德以教國子，主於公、卿大夫、元士之子，本以備卿大夫之選也。

引詩點出「君子其儀不忒」，謂威儀，指禮樂，以覆上文之「容止進退」。士君子之異乎庶人者，禮樂不斯須去身。庶人之觀禮、合樂舞，爲時疏且暫。固由學爲君子者，服習於禮樂之日久，亦由於古之分田制祿，足以舉之。故曰：君子有財，用之行禮。又曰：有其德，無其財，君子弗行。而説文字訓「寠」爲「無禮居」也。黄氏集解剌取經傳，作大傳，此章引郊社禮甚完備，小傳亦多可採。

紀孝行章第十

子曰：「孝子之事親也，居則致其敬，養則致其樂，病則致其憂，喪則致其哀，祭則致其嚴，五者備矣，然後能事親。事親者，居上不驕，爲下不亂，在醜不爭。居上而驕則亡，爲下而亂則刑，在醜而爭則兵。三者不除，雖日用三牲之養，猶爲不孝也。」

全經惟此章屬統自天子至於庶人之通義，故標出有孝行可紀者，通稱曰「孝子」。敬雖主於禮，而敬謹以將其奉養，雖窶人亦自可致其敬。「啜菽飲水，盡其歡，斯之謂孝。」養致其樂，貴或不如賤也。病致其憂，喪致其哀，無富貴貧賤一也。祭致其嚴，即庶人薦於寢，饌具精潔，拜跪謹嚴，家規所承，賢於宗祠，牲獻者亦多矣。故云：「五者備矣，然後能事親。」此五者，人皆能備者也。對於家庭能事親矣，其出而交際於宗族、社會、國家，居上則有臨下，爲下則必事上，在醜者平等也。古訓「醜」爲「類」，則「醜」謂在同等。居上臨下，每易驕。人情自尊，不甘爲下，任情則亂，同等尤易不相下，人世之爭即由此起。故提出三者之逆理，與順德相反。而究其流禍之所，即反應上章「天下和平，災害不生，禍亂不作」。天子驕盈，不保四海，如穆王欲肆其心，觀兵於戎，自是荒服者不至。諸侯驕滿，不保社稷，如衛懿、宋捷並無大惡，而驕以亡國。卿大夫而驕，觀於童子備官之歎，欒黶爲泰之評，而考當日之覆宗滅氏者，靡不由此，史不勝書。爲下而亂則刑，警士庶人以事所必至，在醜而爭，小則白刃相仇，大則干戈相討，相爭不解，勢必至於弄兵，又必至兩敗俱傷，與推刃自殺無異。故統結以「三者不除，雖日用三牲之養，猶爲不孝」。

五刑章第十一

子曰：「五刑之屬三千，而罪莫大於不孝。要君者無上，非聖人者無法，非孝者無親。此大亂之道也。」

孔作制，傳後世，有如制律。賢作傳，有如依律定例，附加引案説明。乃詔後王奉爲法典，非比於上條陳，希世主採擇。學者傳經解傳，有如學爲書吏。學習律例法令，以待應用，非比作文考課，求月旦加美評也。知此則知治經。律是國法，經爲人法，故於孝經大本，特箸五刑一章，以明出於禮即入於刑之大綱要。故標揭而括其詞曰：「五刑之屬三千，而罪莫大於不孝。」周禮司徒有不孝之刑，不弟之刑，其自蓋在司寇所掌。專篇各有科斷，而惟科斷不孝之刑最重也。發明制刑所以弼教之根本法意，而下文承以要君非聖，學者求其故而不得，則就文敷義而已。黄氏集傳引「事君三違而不出境，則利祿也」，「雖曰不要君，吾不信也」，又引「君子畏聖人之言，小人侮聖人之言」。列入大傳兩條固是，後所續引論、孟、禮記，則支離未當。按論語，子言

「臧武仲以防求爲後於魯」斷語與「三違不出境」詞同，謂懷利以事其君，非聖無法，指行僞而堅，言僞而辨，記醜而博，順非而澤，及異服異言，疑衆亂政。其始由於人臣懷利以事其君，先有無上之心，非聖無法者流乃得因緣而起，以恣其僞行僞學。何則？卿大夫章明示「非先王之法服不敢服，非先王之法言不敢道，非先王之德行不敢行」，斯士流自守爲下不倍之訓。必先有卿大夫輕視先王之法服法言，漫浪行爲，忘其舊德先疇，漸破高曾規矩。推見至隱，即是非孝無親而非聖無法者起，又必至顯然。非孝無親，此乃大亂所由行之道也。此又決出孝治之中心，所以注重宗廟之原點，非廣勸人群，但能各孝養厥父母，而可謂爲以孝治天下也。三句似平列，實屬順遞連文。釋明五刑三千，以科不孝之刑爲總綱者，爲預防大亂之道也。

廣要道章第十二

子曰：「教民親愛，莫善於孝；教民禮順，莫善於悌；移風易俗，莫善於樂；安上治民，莫善於禮。禮者，敬而已矣。故敬其父則子悦，敬其兄則弟悦，敬其君則臣悦，敬一人而千萬人悦。所敬者寡而悦者衆，此之謂要道也。」

先之以博愛，而民不遺其親，然後導之以禮樂，教以愛有差等，從親生之膝下以養，明其親疏之等，及由父子之愛天性，引而致之「資於事父以事母而愛同」，而孝道乃立。由此乃標孝爲宗，以教民成化。設爲君、卿大夫、士、庶人禮制之等，俾各依其禮，順而行之。其所發見行禮、由禮之秩序，悉由悌道演成。如卿大夫、士之對於君，則資於事父之禮；至於卿與大夫、士，大夫與士、庶人，士與庶人，其相接之秩序，皆從悌道起例，而各爲一組。其立根起點，特以敬養庶人之老，隨地隨時，表示身教言教。其最高之度，在天子養三老五更於太學，諸侯養耆老於庠。「習射尚功，習鄉尚齒」，其低度最要之切點，在鄉飲酒。賓興賢能，黨正歲行鄉飲，以正齒位，所以明貴貴尊賢，其義一也。不但明其貴即是賢，賢即富貴，而且示以耆老即是鄉黨之賢，尚齒即是長長，老老長長即是貴貴尊賢。故鄉飲有賓介，三賓上座，示以尊賢；有遵者僎特坐，示以貴貴；有鄉先生六十者坐，示以長長。故記曰：「老老爲其近於親也，貴貴爲其近於君也，長長爲其近於兄也。」（舉行鄉飲，凡有七事。詳問琴閣箸禮書稿。）記引孔子曰「吾觀於鄉，而知王道之易易也」，指此鄉飲，兼鄉射在內。司徒六禮，冠、昏、喪、祭、鄉、相見，本以一字爲名也。其行禮正用雅樂，明日息司正，雜用鄉樂，所以樂之也，使民樂於行禮。鄉飲記所謂「明日息司正」，鄉樂惟欲徵惟所有，推求禮意，即今若行之，就用時俗，演戲、洋樂、風琴，均無不可。徵惟所有飲饌之品，亦不拘肴蒸品數。觀其景象，爲後史之大酺三日。後世百數年而一遇者，在三代每歲數舉之，三年而一大舉。此所謂君子有財，用之行禮，此所謂與民同樂，言之皆有實際，非空言也。墨子非樂篇問：「何以爲樂也？」答曰：「樂以爲樂也。」正謂與民同樂，是以爲樂，乃是正答。不知墨子當日何以不解此語，吾故斷其爲墨家者流，後學小生之所附益。樂之爲用，爲欲使人移情。人情移於邪僻，則風俗邪僻；情移於雅，則風俗雅馴，一定之理。故曰：「移風易俗，莫善於樂。」次乃出「安上治民」，重發禮之制度。安上即所以治民，非屬二事。在上者不安其位，則精神不注在治民。後世之士流，終身營營，人人意中皆一心以爲有鴻鵠將至，未嘗專心致志於學禮，其將何以治民乎！

重提「禮者，敬而已矣」，統括之詞。次即三復上章，以起下章，「敬天下爲人父」，「爲人兄」，「爲人君」。三「敬」字，實確指天子視學養老，諸侯燕射，習鄉尚齒，黨正鄉飲正齒位。諸篇之國禮爲主幹，國禮與民禮組合而爲一者，惟鄉飲養老之一大節。而聘禮、饗禮、冠禮、士相見禮之等數秩序，亦皆與悌道相爲發揮旁通，所以必連舉「敬其君則臣悦」，而總結其詞曰：「敬一人而千萬人悦。」國家之公同敬禮，不能遍及，乃推擇其資格尤異者，而施其敬於行禮、隆禮之中。明示正告以國禮，所致敬皆其父兄，則民情自悦服樂從，而自各敬其父兄。故又申之曰「所敬者寡而所悦者衆，此之謂要道」，結明禮樂也者，所以推廣此教孝、教悌之工具也。故篇題曰廣要道。黄氏采集經傳，作大傳，頗多出入，未悉符合。今分别刺取文王世子、大傳、射義、燕義、鄉飲酒義，以次於篇。此與孝治章言相表裏，不嫌重見，備學者考焉。

廣至德章第十三

子曰：「君子之教以孝也，非家至而日見之也。教以孝，所以敬天下之爲人父者也；教以悌，所以敬天下之爲人兄者也；教以臣，所以敬天下之爲人君者也。詩云：『愷悌君子，民之父母。』非至德，其孰能順民如此其大者乎？」

首提君子，引詩結以君子。君子者，自天子至士之名詞。至德以爲道本，即論語之云「君子務本，本立而道生」。周禮教國子，以三行所標之宗。國子者，皆儲備出而治民典教之君子也，故揭言「君子之教以孝也」。組織支配，行政施教，皆在於禮，皆以身教，而言教蓋寡，故曰「非家至而日見之」，謂並非逐家比戶，行至其門，每日見編戶之民而教以孝也。

教以孝，教以弟，教以臣，復廣要道章第三節，重提綱領，爲下注腳，即如上說所引經傳視學養老，燕射、習舞、合樂尚齒，鄉飲、賓興正齒位諸篇之說明理由。爲教民以孝，所以制爲敬天下爲人父者之禮；爲教民以弟，所以制爲敬天下爲人兄者之禮；爲教人以臣，所以制爲敬天下爲人君者之禮。詩鹿鳴所謂「示民不恌，君子是則」，是傚賓興之樂章，特箸此文，爲示民不恌，原爲普及而設；而君子之則，傚自先在其前矣，未有不自修而能示民以法程也。人情好尊榮而樂讌樂，易流於驕奢淫佚，放僻邪侈，而大亂由此作。觀於今世之大亂，可一言以蔽之，無非競爭勢利耳。抵死爭勢利者，何故？亦無非爲逸樂豪奢耳。此人情中外所同，不能用消極禁錮，是以聖人爲之積極引導，導以禮樂。故孟子發此旨曰：「仁之實，事親是也；義之實，從兄是也。」此二條言下立解，人人能解，其實並未求甚解。至「智之實，知斯二者弗去」，即已難解。若推其究竟，須到佛乘以捨爲喜，以悲爲智，始謂透達。且即酌中言之，即是要樂於行禮，知禮之制作。每有事於廟朝鄉射，無非孝弟之演義一段，如釋道法事，如章回小說，如舞臺演劇，但是莊嚴不恌。故曰「樂之實，樂斯二者」，樂則生矣。先知禮之實，無往而非斯二者之節文觀念，人生衣食有餘，居住器用齊整完備，非提起精神上之生活，更無餘事。就消極一方而論，勢必放僻邪侈，相爭至於相殺，無由納己身於軌物；就積極一方而論，厭心一起，更無餘味，無由使其淡而不厭，簡而文，溫而理。今導以禮樂，簡淡溫文而始終條理，使人樂其生，故云：「樂則生，生則惡可已。」譬如軍隊之步伐整齊，有軍樂，益形其興高彩烈；官場之揖讓安坐，有吹打，益顯其雅步從容。自然之應，不期然而然。故云：「烏可已，則不知足之蹈之，手之舞之。」（普通文法，蹈舞即可落句。但必用「之」字，神情始活。「之」字斷句起句，古義即是「此」字、「茲」字、「斯」字，合內外之詞也。）

引詩「愷悌君子，民之父母」，「愷悌」即正詁禮樂二字，本作「豈弟」。豈以〔二〕强教之，弟以樂易安之，即禮以强教之，樂以易安之。「民之父母」，正指卿大夫以至適士，而上賅公侯以至天子。民者，乃正謂庶人。故結論申言「非至德，孰能順民如此其大」，以覆上開宗明義「順天下而民和睦」。

〔二〕此處疑脱「禮」字。

廣揚名章第十四

子曰：「君子之事親孝，故忠可移於君；事兄悌，故順可移於長；居家理，故治可移於官。是以行成於内，而名立於後世矣。」

覆上士章「以孝事君則忠，以敬事長則順」，復增以「居家理，則治可移於官」一則，統括由士上達至卿、諸侯。名教之旨，以名爲主體，人爲副體，即是以位爲主觀，人爲客觀。老子開宗以道與名並舉，道不可得見，因人而見；人不能久存，因名而存。教者，懸名以爲鵠，而行以副之。宇宙之相續者，比物此志也。故孔門設教，先立君子爲名，而尊仁爲元善之長，以樹鵠中之的。故特發其義曰：「君子去仁，惡乎成名！」又曰：「君子疾沒世而名不稱焉。」人必沒世，前不見古人，後不見來者，惟有名之相續，則終古相聞。想見其人，即如見其人，孟子所謂「所存者神，上下與天地同流也」。俗學誤解「名」義，視若新學界之謂名譽，則與所謂利益者同科，其相去無幾何矣！孝經之揚名後世，以立身行道爲注腳，而以君子爲前提。君子之名，又以子臣弟友之四行爲樹鵠。涖官之治即與國人交，孝治言「居家理〔二〕，不敢失於臣妾」，故治可移於官。是謂「行成門〔三〕內」，大學所引釋絜矩之道盡之。

〔二〕「居家理」，孝治章原文爲「治家者」。
〔三〕「門」，廣揚名章原文爲「於」。

諫諍章第十五

曾子曰：「若夫慈愛恭敬、安親揚名則聞命矣，敢問子從父之令，可謂孝乎？」子曰：「是何言歟，是何言歟？昔者，天子有爭臣七人，雖無過〔一〕不失其天下；諸侯有爭臣五人，雖無過〔二〕不失其國；大夫有爭臣三人，雖無過〔三〕不失其家；士有爭友，則身不離於令名；父有爭子，則身不陷於不義。故當不義，則子不可以不爭於父，臣不可以不爭於君。故當不義則爭之，從父之令，又焉得爲孝乎？」

〔一〕「過」本應作「道」。
〔二〕同上。
〔三〕同上。

承上章廣揚名。能立身行道，始有喻親於道。曾〔二〕子既聞安親揚名，以顯父母，爲孝之終事，隆於報本。設如已有令名而親未底豫，仍屬缺陷，因此發疑問。設親有亂命，從之則失令名，不從似違順德，故發此問。此即後世忠孝不能兩全之説，漢儒已有懷疑。朱公叔穆有仁孝論（見後漢書本傳），正不知忠孝爲一貫，非有兩岐，故夫子直從事君引比。

通常之義，則國家以家庭起例，此等處則家庭轉從國家起例。先折以「是何言」，重言之者，爲立身行道者説上乘法。昔者稱先王七人者，四輔、三公合爲七數。三公：太師、太傅、太保；四輔：左輔、右弼、前疑、後承。官不必備，惟其人有其道義德行者選居此位，無其人則闕之。雖四代每用兼官，然舉官各有分職，記所稱「虞、夏、商、周有師保，有疑承，設四輔及三公」。（詳見文王世子，大戴保傅篇，問琴周禮「三公四輔三孤二伯九卿」四代沿革除授表。）五人者，大國三卿、五大夫，二卿命於天子；小國二卿、五大夫，卿即在五大夫之中，舉小以賅大，故曰五人。大夫有家相、室老，宰士雖不備，亦舉其員數言。雖無道不失天下國家者，明大過則必諫，小過可諱則諱，故春秋義有「爲尊者諱，爲親者諱，爲賢者諱」。起下事君

〔二〕「會」本應作「曾」。

章「將順其美，匡捄其惡，故上下能相親」。推例以明事父之道，非諫諍則當陷於不義，始諍之。士無臣，惟屬之友，以起父爲庶人，子爲士者。記所云「與其得罪於鄉黨州閭，寧復諫也」。（詳見論語、禮記曾子〔二〕。黄氏采列大傳，今更釐訂，補遺後出。）後世儒者，不得其解，即在此章與孟子答問匡章父子不責善，程子遂有「天下無不是的父母」之言。又云：「人子之逆惡，只是見得父母有不是處，未明資父事君之理。」從而爲之詞，此其間分寸，全屬以道義爲準。爲人子者能立身行道，始可言喻親於道，是爲大孝尊親，責之大賢以上。其次修身慎行，僅及不辱其親，是爲其次弗辱。則當知父子之間不責善，責善則離，離則不祥。至於其下能養者，以子視父，以父視子，須識同在普通之人格，即無責善之可能。必至其事當陷於不義，爲鄉黨州閭所不齒，始有諫諍之必要。故言「父有爭子」，謂若有數子，一人知義，謂當知責在於己，思免其親之陷於不義，乃重言之曰「故當不義，則子不可不爭於父」。夏小正説文法云：「則者，盡詞也。」即今新名詞之云「必要」也。又重復上文一句，連云「臣不可不爭於君」，交互見例，以明事其家君，比例於事其國君，家國一致。

結論再申言「故當不義則爭」，以證於從父之令，不得爲孝。春秋之義，「不以父命辭王父命」；孝經之義，不以從父之令棄公理之義。明王之孝治所以化成天下，預防人之各私其親，以忘公義。孔門立孝之名義，

〔二〕　此處應爲禮記内則篇。

爲子承考，涵義廣，從爻從子，謂子效父。上推宗廟，高曾遠祖皆屬父道，入廟稱孝，無非子道。原其究竟，爲天地之肖子，即是爲父母之肖子，故云「教之所由生」。墨子書改訓名義，其經上云「孝利親也」，其義甚狹，而猶未敢非孝無親。今之亂名改作者，曷不返而求之矣？

感應章第十六

子曰：「昔者明王事父孝，故事天明；事母孝，故事地察；長幼順，故上下治；天地明察，神明彰矣。故雖天子，必有尊也，言有父也；必有先也，言有兄也。宗廟致敬，不忘親也；修身慎行，恐辱先也。宗廟致敬，鬼神著矣。孝悌之至，通於神明，光於四海，無所不通。詩云：『自西自東，自南自北，無思不服。』」

此章統覆上章，自天子至於士，進庶人之等，納入士等，尋文可見。重提「昔者明王」，王者，父天母地，天地爲大父母。人同爲天地所生，然是間接而非直接。而有承宗爲後，則入廟之中，全乎爲子道。禮有爲祖父後，爲祖母後，中間不嫌缺代，故春秋穀梁云：「獨天不生，三合然後生。人貴者得貴稱，賤者得賤稱。或曰天子，或曰母子。」即説明天子君天下，承天之宗，獨稱天子。質而言之，即是爲將以孝治天下，所以必須正名，制爲典禮，以其典禮首教。天子奉行此禮，資於事父以事天，資於事母以事地，教成天子之聖德，成其爲明王，然後真能以孝治天下。與三才章相應，以聖人爲人倫之代表，以明王爲聖人之攝位，言外是統説禮意，内即指郊社宗廟大事之禮。春秋書「大事」、「有事」，即其事也。非空言孝敬，足以爲孝治。「長幼順，故上下治」，係指儀禮十七篇，包括禮記冠、昏、喪、祭、鄉飲、射、燕諸篇之事義，無處非明長幼以治上下，而無往非孝弟之道所組合之節文，以流行於其間。「順」即「以順天下」，「順可移於長」。教以孝道爲主而發見之，故事則弟道爲多，又非空言忠順事上。

故復次「雖天子，必有尊也，言有父也；必有先也，言有兄也」，即記云：「雖天子必有父，雖諸侯必有兄，先王之教，因而不改，所以順天下國家也。」復次「宗廟致敬，不忘親也；修身慎行，恐辱先也」，爲統論上下之詞，括自天子以至於士宗廟。卿大夫章之詞以卿大夫爲詞主，而天子諸侯之孝更重在宗廟。士亦有一廟，大學云「自天子以至於庶人，一是皆以修身爲本」，主修身爲本，則各有身家，分際之不同。庶人章云：「謹身節用，以養父母」，庶人之修身慎行，即此二語概括，已盡其子職。故大學獨於齊家章不引詩、書而引諺，以明之曰「莫知其子之惡，莫知其苗之碩」。惟此等詞意，可通乎庶人之齊其家，於其所親愛而僻，於其所哀矜而僻，正與謹身節用爲反對。其次弗辱之孝，庶人均可勉而致，故又統釋之云：「恐辱先也。」天地明察，承上天子諸侯，宗廟致敬，承卿大夫、士，起下「孝弟之至，通於神明，光於四海」。祭則鬼享，極之於嚴父配天，躋家鬼於天神，故或曰「神祇」，或曰「鬼神」也。神明彰，鬼神著，凡屬宗教，一致而百慮，亦殊途而同歸。引詩明内聖外王只是一事，光於四海，即凡有血氣，莫不尊親。故曰：「無所不通」，「無思不服」。中庸述「武王、周公達孝」，「舜其大孝」，正發攝聖治章，與此章之正注詳次於篇。

事君章第十七

子曰：「君子之事上也，進思盡忠，退思補過，將順其美，匡捄其惡，故上下能相親也。詩云：『心乎愛矣，遐不謂矣。中心藏之，何日忘之？』」

以上孝治之道已備，又問以事君一章者，爲「民用和睦，上下無怨」再示機緘，義從士始，以達於公卿。故章題事君，而詞統於君子之事上。記曰：「天下無生而貴者也。」雖天子元子，諸侯世子，皆士也。然富貴崇高之境，或敬至而恩疏，則須防上下有怨而不相親。故孝道中於事君，必教以忠。傳曰「子之能仕，父教之忠」，論語「臣事君以忠」，此忠孝並稱之原始。但聖人之以孝治天下，忠即資於事父，移以事君，例爲女子之事父母，移以事君舅君姑，初非二事。故忠經原可不作。世傳忠經係僞託馬融，即係未通孝經之故。進謂進於君，所退謂退食自公。公朝之事，退而思之，日就月將，始能拾遺補缺。其要言在將順其美，乃能匡捄其惡。

斯上下之情親，而長毋相忘矣。引詩以證，資於事母以事父而愛同，再推而進之，資於事父以事君，猶猶如事父之愛同於事母，則移事父以事君，而愛亦同。然藏之中心，固未嘗一日忘，而行之以敬，非私愛於知遇之一主。如後世張禹、孔光、趙普之流風，熙寧、元祐之黨禍，皆坐不知事君之義也。

喪親章第十八

子曰：「孝子之喪親也，哭不偯、禮無容、言不文，服美不安、聞樂不樂、食旨不甘，此哀戚之情也。三日而食，教民無以死傷生，毁不滅性，此聖人之政也。喪不過三年，示民有終也。爲之棺槨、衣衾而舉之，陳其簠簋而哀戚之，擗踊哭泣，哀以送之，卜其宅兆而〔一〕措之，爲之宗廟以鬼享之，春秋祭祀以時思之。生事愛敬，死事哀戚，生民之本盡矣，死生之義備矣，孝子之事親終矣。」

喪祭爲禮教所最重，名爲吉凶二禮。人必有死，子必有親，爲之宗廟，以鬼享之。即以神禮祀之，子子孫孫，相引無極，是以爲吉禮。顧死生之際，人子終天之憾，無可如何，故於附身附棺，必勤必慎，勿之有悔。

〔一〕此處通行本均有「安」字。

制爲喪以永哀，而又斷之以義體。夫天道四時既改，至親亦以期斷，爲之加隆，是以三年。故此終篇，檃栝喪禮經、傳、記而絜示其旨要。五禮惟喪禮最繁重，所以聯死生之際，通幽明之界，爲世界進化之原。其理深微，非別教所有，惟學爲君子，始能課而行之，不爲庶人説法。「父母之喪，無貴賤一也」，專爲喪服而言。例如期之喪達乎大夫，謂諸侯即禮絶旁期；三年之喪達乎天子，謂爲妻、爲嫡長子，此兩等喪服，庶人即不與焉。禮所云「上達」、「下達」，以士爲執禮之主體，乃所謂君子之道。其大小功之服，亦無及於庶人之文，故周禮「閭共吉凶二服」，從可推見庶民之喪祭，服皆公製公用。記曰：「躬執事而後事行者，面垢而已。」又閭師懸喪冠之式。又云：「不樹者不槨，不績者不衰。」據以推知，庶人執親之喪，自製者可以有槨，自績者可以爲衰，衰即負版加於衰服之裂，由喪家自紉自拆，而絰之與冠皆自製之。既葬而先除乎首，先除乎帶，聽民之自便。其閭供之吉凶二服，則事畢而除，仍歸之公。以此爲教，足矣。其得書於族師之考敬敏有學，升學於庠，望進爲士者，必先須學爲士行無疑也。凡爲士者，自三年以至緦、小功之喪，皆所有事，以居父母之喪爲主。故終篇直題爲喪親章，時有約舉喪禮之條文，而逐條隨釋其原理。

統自天子至士之稱曰「孝子之喪親也，哭不偯」三句，見曲禮條文。「服美不安」三句，即説明原理。云「此哀戚之情也，三日而食，毀不滅性」，亦舉喪禮條文，教民無以死傷生。即説原理，結以「此聖人之政也，喪不過三年」，括舉三年問、喪服四制各篇文意，釋以「示民有終，爲之棺槨」四條，括舉喪禮四節，始死、大小斂、朝夕哭、朝夕奠、既殯、啟殯、既夕、有司徹、筮葬、祖載、卒哭、三虞諸節之文（黄氏集傳未備，文多又不能備載，略舉條目，以備參考。）既除喪，乃入廟。遷舊廟之主，祔新廟之主，以吉祭易凶祭。（虞爲凶祭，三年喪内，祭不行禫而除喪，乃祔廟行祭禮。）故次以「宗廟鬼享，春秋祭祀，以鬼享之，以時思之」。既説制祭禮之原理，與送終之終事相緣而生，又從宗廟追遠，報本祖以溯祖，是爲高祖。其生死每不及相見，皆繫之以名，如在如神在，事死如事生，事亡如事存。夫乃以三爲五，以五爲九，旁推制爲五服之親，乃廣家庭爲宗族，即廣宗族爲民社。今宗教家所謂天國，無非意境所成，而人道訢合於天道。佛説世界由衆生意造，同此一理。此之謂彌綸天地，即是大悲大慈，究竟捨義。故總結兩言曰：「生事愛敬，死事哀戚。」記云：「哭死而哀，非爲生也。修德不回，非以干禄也。」又曰：「禮之近人情者，非其至者也。」此微言也，聖人所不明言而輒言之者，聖教之元宗，大義之本根。末學支離，益趨益遠，不悱不發，亦若會至其時也。生民之本盡矣，死生之義備矣，於隱而不發者，復發其微明乎！生人之本，盡於此經，然後可見死生之義備於聖人至教也。惟聖人爲能享帝，惟孝子爲能享親。聖人之德，無加於孝，故總章首之詞云：「孝子之事親終焉。」

周禮孝經演講義後叙

宋育仁既刺取周禮封建井田制度，附以學校軍禮。謹案：孝經章句申以孝弟、禮樂，都爲經術政治學，凡四章十六節。孝經義十八章，竟作而歎曰：「世論謂斯道也將亡矣，育仁謂斯道也其始將興乎！」自黄帝畫井，分九州，立中國國界，其前之萬國，不限九州内外，皆自闢地而有之，如西半球之美洲國土。燧皇以至庖羲、神農之世，大都視其國有聖人出興於世，特有剏造，利前民用。其他諸小國土，則梯航重譯而來學，因以來賓，是爲天下有王之原始，亦即聯邦之原始也。

及有書契，乃制爲皇字，謂爲王之鼻祖。蓋自庖羲制嫁娶，人類始有傳代。其外來學之國，亦相繼來賓。來賓之聯邦推之爲上國，自崇拜其繼體傳學之君，特加敬禮，或謂之來朝，因此沿爲世及。至帝榆罔承神農之後嗣，世爲君而失道，蚩尤、苗民作亂，互相賊

害侵陵，天下分崩。怙兵爲強，怙強爲惡。黄帝既平蚩尤、苗民之亂，而榆罔之朝亦習染於用兵夫、尚武力，與右書契、垂衣裳之大興文化，固不相容之勢。況畫井分州，明屬九州歸化，榆罔君臣猶欲自居上國，加以兵威。是以有阪泉之師，即啟征誅之局。厥後少昊、高陽、高辛、顓頊、帝嚳之時代，即其前庖羲、神農迄於榆罔時代繼世爲帝之後影也。所謂萬國者，有分封，有來賓，有歸化，有聯邦，有天子使吏治之，而不干其内政。堯、舜更益釐定制度，以成統一之規。增四岳，設八伯，輯五瑞，頒五瑞，舊國則加封，新封則建國，大國則益以附庸。間田、名山、大澤，置以虞衡，俾其世守。共工典天下製造，王畿亦設澤虞、林衡，八伯統四方諸侯。禹佐堯、舜平水土，分别内方三千里，爲五服，外置三州之名，薄於四海，合爲九服。内五服建方伯、卒正、連帥、屬長之制，使大國統小國，小國事大國，略如聯邦制度。大政干涉小政，不干涉外三州，則咸建五長，略如東西四盟，歐美領土。

故禹會於塗山，執玉帛者萬國；至周公定太平，益加詳密。分天下以爲左右，曰二伯。一相處乎内，總持大政，兼領東方諸侯。外八州方伯之國，設三監大夫，布行上國王朝之政令。一伯處乎外，五年代王一巡守，率王師以出，大國以師從，小國以旅從，一切納之於禮。其軍制即謂之軍禮。五禮，周禮名爲吉、凶、賓、軍、嘉。吉禮專指祭禮，賓禮統謂朝聘會同。各以遠近等位，分時分期，以次來朝，即從天子而祭於郊廟。郊天享帝，則天下之臣民，咸在助祭、執事、侍班之列。祀太廟，則來朝之諸侯、邦君均與於祭，來聘之陪臣、國卿大夫均執其事。國君之祭社稷，其舉國之臣民亦咸在一壇，有事於其祖廟，則通率群臣，駿奔將事。大夫祀五祀。士承宗子，亦率從其宗族與采地之民集於壇廟，皆爲習禮，以教之孝弟也。文武學並不分途，禮樂教以文學，射御教以武學，教民於農隙。講武、田獵部署以兵法、步伐、坐作、擊刺，無人不習兵，故名之曰「起[一]徒」。而司徒所屬治地方之官，名之曰「教職」。其兩司馬皆下士，國司馬皆上士，卒旅長皆中下大夫，師帥皆上大夫，軍將皆命卿。正如後世之貴舉，科場臨時皆易官名，事後各復原位。故曰「有文事者必有武備」，即是習行軍禮。軍士所以稱爲士，而凡爲士者，皆以執禮爲學業之主科。故春官掌造士，而其職謂之禮，典曰「宗伯掌邦禮」也。故曰「禮有五

[一]「起」疑爲「司」。

經，莫重於祭」，又曰「國之大事，在祀與戎」，謂舉行吉禮、軍禮，乃胥通國之人而教之禮也。吉禮中組織有各種教科演習在其中，軍禮中并權謀、技巧、形勢、器械、資糧，皆預備在其前也。然此委曲而繁重之制，將恃何術以行乎？其必在建國親侯，分民而治也。決天下之大疑，定天下之大計，舉天下之大政，必有其綱要，非提絜其綱，則條理必亂，則謂之宜於古不宜於今耳。

夫古今中外之所以有異者，即其建國之根本不同，而其綱要異也。自庖羲至顓頊，皆爲推戴之世及，惟黄帝一舉征誅；自顓頊以至周末，皆傳位世及，惟中間堯、舜一行禪讓；自秦以至今，皆用兵爭，除敵國征服之外，皆以篡弒假名禪讓，而世及則同，惟封建與郡縣不封建分。自庖羲以迄於三代，秦以後迄於今，治亂之數可睹矣。爲之建國分民而治，然後簡稽戶口生產，授田歸田，轉戶撥戶，教課農桑蓋藏，興發委積均輸，起徒役，作邱甲。一切乃井井有條，於以行均產養民之政。俾民得分土而食，有一定之手續，明乎立國以安民，非厲民以自養也。其原理本來如此，故原則決定如此也。夫然後所謂公共衛生，普及教育，推行盡利，罄無不宜。後世衹有私心爲己之觀念，人主與人民分爲兩界，中間士大夫又各自爲界。其行政專注在消防一方面，政策於是爲私爲己，上下相蒙。自秦始以天下爲家私，百姓遂各私其私産，從此學者，遂誤認孝爲私德。（私德二字本不詞，欲破世迷，姑就世説。）人人自謂能孝，不知事父即事家君，事君即事國父。孝經禮制，首立宗廟，以爲教孝提綱，即推宗法以爲建國之法。自生子、冠婚、喪祭，以至天子、諸侯之巡守、朝聘、會同、出師、告捷、頒朔、告朔，無不有事於宗廟，即無事不示以孝道，明其孝道之爲公德公理。所謂「孝子不匱，永錫爾類」，不言之教，行乎其中也。統計其時通國之財，惟行政經費係統籌收入，再分別支出。而行政中之巨費，多數皆爲行禮之用。采地祿餘，幾於悉歸之宗廟。大多之居食服用，資生之具，直屬與大多數之平民，平均享用而各適所宜，祿在其中。別無所謂學校之儲費，軍需之籌款，而舉國皆比如退伍之兵，無人不經受普及之教。

數千年學術沈晦，爲國域廣大重力之所吸引，其因陋就簡，畏難苟安，習與性成者宜也。然抑思今寰球之巨變大亂，何由而至於此？此是乾坤何等時哉？以分崩離析之天下，處震撼危疑之際會，延萬死一生之絕命，得法聖復古之美名。舉爲國以禮之盛事，收回日久離散之人心，復成隆禮孝治之天下，是誠千載萬期之一時也，則又何憚其難而不爲此？此事似繁而且難知也，何況於行？則請以簡要箸手明之。考察有功德於民，昭昭在人耳目者，先封數國以爲模範，正告於天下將行先王聖人之政，則官吏非能執禮、由禮者，不得列於士籍。以學位加於官位，即以爲議，即代今之所謂代議。士者，初封國仍五等，不世襲，終其身察。能以禮爲國，首舉均田。改良學制、軍政爲成績，再加世封，乃爲世襲。先令議郎終其身不爲行政官，不以無罪去舊官吏，再進選用簡任、薦任官，以名列士籍者爲之等，量才授位，三年小效。百姓樂從，更益廣封而小其地，於是乃命大國并行貢士之典，其郡縣如故，而先爲之模範。縣邑即以均田、改良學制軍制爲課吏之殿最，則賈生所云「衆建諸侯而少其力」，顧炎武所云「經之以封建，仍緯之以郡縣」。於是乎在議事以制則，令大臣與儒臣議郎參定之，復古之，卿士亦即厲行兩院之制也。是誠宜古宜今，則又何所憚難而不爲此？試行封建，使試辦井田，由是安反側以定民志。反側安，則兵爭漸熄，公理日伸，苛政減消，民生自裕，而禮樂可以興；民志靖，則家庭相保，孝道日光，倫教永固，良莠自分，而過激無由作。然明知此必居帝王之位而加聖人之心焉，始可得爲也，豈民舉之代表可以行之哉！但後世儒生，每自命聖人，而後世人主反不究聖學，誠佛經所云「見想顛倒，世界顛倒」。顧由是以思，述孔聖先師之言，非從己出，又何人不可言哉！堯、舜讓天下於巢由，巢由不受，未足以損堯、舜也。今既爲堯、舜之大言矣，又何忌諱於封建井田之小言而不敢道乎哉！